ÉLÉMENS

DE
MINÉRALOGIE
DOCIMASTIQUE.

Par M. SAGE.

SECONDE ÉDITION.

Tome Second.

A PARIS,

DE L'IMPRIMERIE ROYALE.

M DCCLXXVII.

ÉLÉMENS

DE

MINÉRALOGIE.

TROISIÈME PARTIE.

DES MINÉRAUX.

De la Docimastique en général.

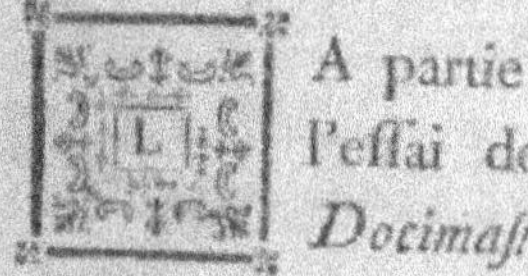

LA partie de la Chímie qui concerne l'essai des Minéraux, est nommée *Docimastique (a)* ; c'est une analyse exacte & en petit de ces mêmes substances, au moyen de laquelle on parvient à connoître la

______

(a) Docimastique vient du Grec, δοκιμαστική, *ars explo-ratoria*, art des Essais ; ce mot ainsi que δοκιμασία, *exploratio*, Essai, est dérivé de δοκιμάζω, *exploro*, dont la racine est δοκεω, *videor*, *censeo*. Voyez la *Préface de la Docimastique de Cramer*.

Tome II.   A

nature & la quantité des matières metalliques contenues dans un minéral quelconque, & à évaluer avec justesse le produit qu'on a droit d'en attendre dans les travaux en grand.

On comprend sous le nom de *mines*, tantôt les endroits d'où se tirent les substances métalliques, tantôt le minéral même qui porte aussi le nom de *minerai*. Les substances métalliques se trouvent souvent confondues dans la terre, & combinées avec le soufre, l'arsenic ou l'acide marin ; alors on dit qu'elles sont *minéralisées* par le soufre *(b)*, l'arsenic ou l'acide marin. Si le métal se trouve naturellement avoir le brillant & la ductilité qui lui sont propres, on le nomme *métal vierge* ou *natif*.

Pour faire l'essai d'une mine, & le rendre relatif au travail en grand, il faut *trier* le minéral, en faire des lots suivant sa qualité, en réunir des quantités fictices, les pulvériser, & les laver pour en dégager les terres non métalliques : on torréfie ensuite le *schlich (c)*, pour en séparer le soufre ou l'arsenic qu'il peut contenir, &

____

(b) On verra dans la suite que le soufre n'est souvent combiné avec les métaux, qu'au moyen d'un intermède, tel que la terre absorbante ou l'alkali volatil.

(c) Les Allemands donnent ce nom au minéral pulvérisé & lavé.

l'on finit par fondre avec des flux, ces mines grillées, pour réduire *(d)* le métal qu'elles contiennent.

Ces préceptes généraux ne peuvent avoir lieu que pour les substances métalliques qui sont minéralisées par le soufre ou par l'arsenic; car si l'on soumettoit à l'action du feu l'argent ou le mercure cornés natifs, ils s'y volatiliseroient entièrement.

Lorsqu'on a retiré d'une mine, par la fusion, le régule ou le culot métallique *(e)*, on doit s'occuper à déterminer la nature & la quantité des métaux qu'il contient.

Par le moyen d'un barreau ou d'une aiguille aimantée, on reconnoît la présence du fer dans un régule; en mettant une portion de ce régule en digestion dans l'alkali volatil, on détermine s'il contient du cuivre ou du cobalt : mais pour savoir s'il renferme de l'argent ou

---

(d) L'opération par laquelle on convertit une chaux métallique en métal, se nomme *réduction*, cette réduction se fait par le moyen du phlogistique. Voyez plus bas *chaux métalliques.*

(e) On divise les substances métalliques en *métaux* & en *demi-métaux*; les premiers sont ductiles, les seconds ne le sont pas, & altèrent même la ductilité des métaux.

A ij

de l'or, il faut avoir recours à la coupelle & au départ.

Des Substances métalliques en général.

Les substances métalliques diffèrent par leurs propriétés, leur couleur, leur odeur, leur pesanteur & leur ductilité ; il y en a qui s'évaporent sans se décomposer lorsqu'on les expose au feu ; d'autres s'y décomposent en répandant une odeur désagréable & pernicieuse ; d'autres enfin résistent à l'action du feu.

Les substances métalliques sont essentiellement composées d'une terre qui leur est propre, & d'un acide combiné avec le phlogistique ; c'est dans ce cas une espèce de phosphore *(f)*, qui se dégage sous forme de vapeurs inflammables, de quelques métaux, tels que le zinc & le fer lorsqu'on les dissout par le moyen de l'acide vitriolique ou de l'acide marin.

La *terre* ou la *chaux* d'un métal, n'est autre chose que le métal même surchargé d'acide phosphorique ; c'est un vrai sel neutre soluble dans les acides, & quelquefois dans l'eau même.

(f) *Metallum nihil aliud esse videtur quàm acidum inflammabili & terrâ specificâ modificatum.* Scopoli, Princip. Miner. pag. 102.

Les chaux métalliques ont une couleur bien différente de celle du métal dont elles sont la base *(g)* : la plupart exposées au feu, s'y vitrifient. Si la plus grande partie des précipités métalliques obtenus par la voie humide, partage les propriétés des chaux de ces mêmes métaux, c'est qu'ils sont comme elles des sels phosphoriques à base métallique.

Les métaux & les demi-métaux se trouvent quelquefois dans la terre sans être minéralisés, mais pour l'ordinaire, ils sont unis avec le soufre ou avec l'arsenic. On a long-temps regardé ces deux dernières substances comme les seules qui servissent à minéraliser les métaux. J'ai publié en 1765, la découverte que j'avois faite de trois nouveaux minéralisateurs, qui sont l'acide marin, l'alkali volatil & la matière grasse produite par l'alkali volatil décomposé.

On nomme *mines* ou *minerais*, les substances métalliques, unies à l'un des cinq minéralisateurs susdits : dans cet état, elles sont fragiles, ordinairement cristallisées, & ont des couleurs bien différentes de celles des métaux qu'elles contiennent.

(g) Voyez ci-après mes Observations sur les chaux métalliques.

Souvent les métaux font confondus dans les mines avec les demi-métaux ; on les trouve dans le fein de la terre à diverfes profondeurs, rarement par couches horizontales, mais fréquemment par *veines* ou *filons*, qui partant d'un centre commun, ont une direction oblique, qui approche plus ou moins de la ligne perpendiculaire : on eft obligé pour l'exploitation de ces mines, de faire des puits, des percemens, des galeries, & d'avoir fouvent recours à la poudre à canon, pour brifer les gangues, & détacher en moins de temps de plus gros quartiers de mines. Aux travaux du Mineur fuccèdent ceux du Métallurgifte ; ainfi après avoir boccardé & lavé les mines *(h)*, on les grille ou torréfie, & on les fond dans des fourneaux dont la conftruction diffère, fuivant l'efpèce de métal qu'on doit y traiter.

L'on peut extraire par le moyen du mercure, l'or & l'argent non minéralifés, qui fe trouvent dans différentes terres ; mais cette méthode, qui eft en ufage au Mexique & au Pérou, a fes

______

(h) Toutes les fubftances métalliques qui font minéralifées par l'acide marin, l'alkali volatil & la matière graffe produite par l'alkali volatil décompofé, n'ont pas befoin de torréfaction, à moins qu'il ne s'y rencontre des pyrites comme dans plufieurs mines de fer fpathiques.

inconvéniens, puisque par la trituration avec le mercure & l'eau, une partie de ces métaux se convertit en chaux.

De la torréfaction ou du grillage des mines.

Les métaux sont ordinairement sous forme métallique dans leurs mines lorsqu'ils sont combinés avec le soufre ou avec l'arsenic; ce dernier même s'y trouve à l'état métallique, excepté dans la mine d'argent rouge *(i)*, l'orpin & le réalgar. Durant le temps que les minéraux sont exposés au feu, pour être privés du soufre ou de l'arsenic qu'ils contiennent, l'acide du feu pénètre les métaux & les convertit en chaux.

Dans les essais en petit, il faut avoir soin au commencement du grillage, de couvrir le test *(k)*, afin que le minéral qui est sujet à décrépiter, lors même qu'il a été pulvérisé, n'en soit pas rejeté; mais lorsque le *test* commence à rougir, on le découvre pour accélérer la décomposition, soit du soufre, soit de l'arsenic.

(i) C'est à l'acide marin que la mine d'argent rouge contient, qu'elle doit sa transparence; lorsque les substances métalliques sont combinées avec les acides, elles sont à l'état de chaux.

(k) On nomme *test*, le creuset plat & évasé dont en se sert pour torréfier les mines.

A iv

Les mines arsenicales sont plutôt torréfiées que les sulfureuses, parce que dans ces dernières, il arrive souvent que le soufre se combine intimément avec le métal, & par cette union forme une *matte* dont on ne parvient que très-difficilement à séparer le soufre.

Si le métal contenu dans la mine qu'on veut torréfier est volatil, comme le zinc, l'antimoine, le bismuth ou le plomb, il faut durant le grillage, graduer le feu de manière qu'une partie de ce métal ne se dissipe point par la volatilisation : en général on gagne à torréfier lentement ; car si on va brusquement, la mine se fond, se grumelle, se vitrifie à sa surface, tandis que l'intérieur n'a pas sensiblement éprouvé d'altération.

On ne peut évaluer au juste la quantité de soufre ou d'arsenic, contenue dans une mine par le déchet qu'aura éprouvé cette mine durant la torréfaction; cela vient de ce que le métal qui s'y rencontre étant sous forme métallique, il n'a pu se convertir en chaux, sans augmenter en pesanteur absolue.

OBSERVATIONS sur les différens moyens de faire passer les substances métalliques à l'état de chaux, sur les couleurs de leurs verres, & sur les couleurs que ces chaux introduisent dans le verre blanc.

LES substances métalliques ne peuvent se vitrifier qu'après avoir auparavant passé à l'état de chaux ; par la calcination, les métaux perdent leur couleur, leur pesanteur spécifique, & augmentent en pesanteur absolue : on doit considérer toutes les chaux métalliques comme des sels où l'acide phosphorique se rencontre ; quelques-unes, telles que les chaux d'arsenic & de plomb sont susceptibles de se dissoudre dans l'eau.

Le feu, l'électricité, l'air, les alkalis, l'étain & le mercure, sont autant d'intermèdes par le moyen desquels on peut convertir en chaux, les substances métalliques.

1.° Le feu est l'agent le plus ordinaire de cette opération ; en pénétrant les substances métalliques, il les divise ; l'acide qui se dégage ensuite des corps combustibles qu'on emploie comme aliment du feu, venant à se combiner avec le phlogistique des métaux, s'unit à leur terre, & produit des fels métalliques où l'acide phofphorique entre comme partie conftituante, & qui font connus fous le nom de *chaux* (1); elles varient dans leurs couleurs; mais lorfqu'on a enlevé tout le phlogiftique à un métal, la chaux qu'on obtient eft blanche & n'eft plus fufceptible de paffer à l'état de verre; l'antimoine diaphorétique & l'étain en font des exemples.

2.° L'électricité, par le moyen du papier, réduit en chaux la plupart des fubftances métalliques, je dis par l'intermède du papier, parce que j'ai eu occafion de remarquer que fi l'on mettoit une feuille d'or entre deux lames de verre, & qu'on lui fît éprouver à l'aide de l'excitateur, l'effet d'une forte électricité, l'or s'incruftoit dans le verre & fe trouvoit recouvert d'une lame vitreufe, qui le garantiffoit de l'action de l'eau régale.

Voici la manière dont je m'y fuis pris pour convertir l'or en chaux *(m)* par l'électricité : après

___

(1) Michel Etmuller, dans fa nouvelle Chimie raifonnée, *page 310*, dit, « que l'accrétion en pefanteur abfolue qu'on » trouve dans le plomb, après l'avoir réduit en *minium*, vient » du foufre du charbon, dont les particules acides fe font attachées à la fubftance du plomb. »

(m) Je prends ici l'or pour exemple; mais on peut auffi par le même moyen, convertir d'autres métaux en chaux.

avoir mis une feuille d'or entre deux cartes, dans une presse, j'ai chargé d'une forte électricité, la batterie composée de quatre grands seaux de cristal étamés ; j'ai mis ensuite un bout de l'excitateur sur la presse, & avec l'autre j'ai déchargé la batterie ; ayant retiré les cartes de la presse, je les ai trouvées enduites d'une couleur violette, dûe à de la chaux d'or : j'ai reconnu que ces cartes conservoient long-temps une odeur semblable à celle qui sort d'un canon de fusil après qu'on a tiré. Dans cette expérience, il se forme un foie de soufre phosphorique volatil qui pénètre le métal : l'acide émané du feu électrique décompose ce foie de soufre, tandis qu'une partie du même acide se combine avec le métal & le convertit en chaux.

La présence d'un acide *(n)*, dans le feu électrique, est démontrée par l'expérience suivante : ayant mis dans un récipient de deux pintes, dont le col n'avoit qu'un pouce & demi de diamètre', assez d'huile de tartre pour enduire ses parois, j'en ai fermé l'orifice avec un bouchon de liége, à travers duquel passoit une verge métallique, l'extrémité pointue de cette

---

(n) M. Priestley a fait connoître aux Physiciens, qu'au moyen de l'électricité, on pouvoit changer en rouge la teinture de tournesol.

verge étoit fixée à un pouce du fond du récipient; l'autre extrémité terminée par une boule, étoit en contact avec le conducteur: entre le bouchon & le col du récipient, j'avois introduit deux tubes de verre, que je bouchois & débouchois de temps en temps, pour donner lieu à la circulation de l'air. L'appareil ainsi disposé *(o)*, & l'électricité déchargée sept à huit fois avec l'excitateur, j'ai trouvé après l'espace de quatre heures, sur les parois intérieures du récipient, des cristaux en parallélipipèdes, qui m'ont paru semblables à ceux du sel neutre formé par l'alkali fixe & l'acide émané de la matière lumineuse du phosphore en décomposition. Je réserve l'examen comparé de ces deux sels, pour une Dissertation particulière.

3.° La plupart des métaux exposés à l'air, perdent leur brillant métallique, augmentent de volume & de pesanteur absolue. On nomme *rouille* cette altération; dans cet état les métaux font privés de phlogistique, puisque ces rouilles

---

(o) Le plateau de la machine électrique avoit vingt-deux pouces de diamètre; j'ai reconnu qu'il valloit mieux changer pendant douze jours l'appareil, en l'électrisant seulement un quart d'heure à chaque fois, que de suivre l'électricité durant trois heures sans interruption : je ne mets pas plus de deux gros d'huile de tartre dans le récipient.

métalliques fe vitrifient lorfqu'on les foumet à un degré de feu convenable.

Si l'on expofe à l'air une diffolution d'or, étendue de cent parties d'eau, la furface de la diffolution devient violette en peu de jours, & quelque temps après on trouve à la furface & au fond du vafe une poudre violette qui eft une chaux d'or très-pure.

4.° Les chaux métalliques étant des fels où l'acide phofphorique fe rencontre, on doit regarder les précipités métalliques formés par l'intermède des alkalis *(p)*, comme des *chaux* proprement dites, puifqu'ils font comme elles, compofés d'acide phofphorique combiné avec la terre du métal, & qu'à l'exception du précipité d'argent, tous fe vitrifient lorfqu'on les expofe au feu; ce dernier, lorfqu'il éprouve un degré de chaleur propre à le faire rougir, laiffe au fond du creufet l'argent fous forme métallique.

5.° L'étain a la propriété de précipiter l'or diffous dans l'eau régale, fous la forme d'une chaux violette, nommée *pourpre minérale, précipité de Caffius;* lorfqu'on fond ce précipité d'or avec du verre blanc, ce dernier prend une

____

(p) Voyez mes Mémoires de Chimie, *page 67.*

couleur pourpre plus ou moins foncée, suivant la quantité de précipité qu'on y a introduite.

Le précipité de Cassius peut se réduire sans addition, par la seule action du feu; il suffit de l'exposer à un feu violent dans un creuset, au fond duquel l'or reparoît sous la forme de globules blanchâtres & ductiles; mais il faut pour cela que le précipité de Cassius ait été préparé avec une dissolution d'or, où il y avoit excès d'acide; car, lorsque l'eau régale a été saturée d'or, le précipité qu'on obtient par le moyen de l'étain, ne produit, par la fusion, qu'une masse grise & fragile; ce même précipité fondu avec du verre blanc, forme un émail coloré en lilas, d'où l'on peut conclure qu'il contient plus d'étain que le premier précipité.

Si l'on passe le précipité de Cassius à la coupelle, avec douze parties de plomb, l'or qui reste sur la coupelle, est brillant, ductile & d'une belle couleur.

Ces expériences font connoître que la chaux d'or obtenue par le moyen de l'étain, se réduit très-facilement.

6.° La propriété qu'ont les substances métalliques de passer en partie à l'état de chaux, après avoir été triturées avec du mercure, fait connoître que dans cette expérience, il y a de l'acide phofphorique qui fe combine avec une partie du métal ; cet acide me paroît fourni par le mercure, qui, dans les amalgames, jouit auffi de la propriété de faire criftallifer les métaux ; ces métaux, fuivant leur nature, retiennent alors une portion plus ou moins confidérable de mercure, comme je l'ai démontré ailleurs *(q)* ; fi la forme régulière qu'affectent les différens corps en criftallifant, eft toujours dûe à la combinaifon d'un acide avec une bafe terreufe, alkaline ou métallique, le mercure contient donc une grande quantité d'acide.

Les expériences dont je viens de rendre compte, prouvent que les chaux métalliques qu'on obtient par la calcination, l'électricité, l'air, les alkalis, l'étain & le mercure, font de même nature, puifqu'elles contiennent effentiellement de l'acide phofphorique auquel elles doivent la propriété de pouvoir paffer prefque toutes à l'état de verre lorfqu'on les expofe à un degré de feu convenable.

Les couleurs des verres produits par les chaux métalliques, différent de celles qu'elles communiquent au verre blanc ; par exemple, fi l'on fond la chaux de cuivre fans intermède,

---

(q) Voyez mes Mémoires de Chimie, *page 87.*

on obtient un verre rougeâtre & chatoyant ; tandis que la même chaux de cuivre fondue avec du verre blanc, lui communique une couleur verte semblable à celle de l'émeraude. Je pense que c'est à l'acide qui se trouve comme partie intégrante dans le verre, qu'est dûe la couleur donnée par les chaux métalliques au verre blanc. L'acide phosphorique diversement modifié, produit une couleur verte lorsqu'il est combiné avec le cuivre, c'est ce qu'on reconnoît à la couleur du verdet, à celle de la malachite, &c. Le même acide donne aussi constamment une couleur rouge au fer[*], comme on le voit par le sang, le vin & le rubis, qui doivent leur couleur à ce métal ; l'acide phosphorique combiné avec l'or, lui donne toujours une couleur violette ; aussi remarque[*]-t-on que la dissolution de ce métal teint en violet la peau des animaux, le marbre, le bois & le papier ; enfin la chaux d'or obtenue par l'électricité ou l'étain, est également violette, ainsi qu'on l'a dit ci-dessus *(r)*.

(r) Lorsqu'on fait fulminer de l'or sur de l'étain, du plomb, du bismuth, sur les régules d'antimoine ou d'arsenic, ou sur du papier ; cet or fulminant se convertit en une poudre violette semblable, par ses propriétés, au précipité de Cassius.

La Table suivante fait connoître la différence qui existe entre les couleurs produites par les chaux métalliques vitrifiées sans intermède, & celles que les mêmes chaux communiquent au verre blanc avec lequel on les fond.

COULEURS des CHAUX MÉTALLIQUES.		COULEURS des VERRES Métalliques.	COULEURS que les Chaux Métalliques donnent au Verre blanc.
Chaux	d'Arsénic . . . blanche.. .	citrine.	
	d'Antimoine. grise	hyacinthe.	
	de Bismuth . grise	rougeâtre	brunâtre.
	de Zinc . . . grise	. . . .	aigue-marine.
	de Cobalt. . rougeâtre. .	bleue foncée	bleue.
	de Mercure. rouge.		
	d'Étain . . . blanchâtre.	. . . .	émail blanc..
	de Cuivre . noirâtre. . .	brune chatoyante.	verte.
	de Fer. . . . rougeâtre..	noire	rouge.
	de Plomb . . grise	blanchâtre feuilletée	topase.
	d'Argent. . grise	jaunâtre	jaune-pâle.
	d'Or. . . . . violette. .	. . . .	pourpre.
	de Platine . . grise . . .	. . . .	olive.

Nota. La plupart des chaux métalliques énoncées dans cette colonne, ont été préparées par une calcination lente.

Observations sur les couleurs des Chaux métalliques.

La chaux d'antimoine préparée à l'aide d'un

feu violent est blanche, transparente & vitrifiable ; on la nomme *fleurs d'antimoine :* le zinc
enflammé produit une chaux blanche, volatile
& phosphorique, dite *nil album* , *laine philo-*
sophique.

L'ochre martiale calcinée devient rouge, &
prend le nom de *colcothar.* La chaux de plomb
calcinée par la réverbération de la flamme,
devient jaune, & ensuite rouge ; dans cet état
on la nomme *minium.*

Reduction, revivification.

L'opération par laquelle on reporte une chaux
métallique à l'état de métal , est connue sous le
nom de *réduction ;* on y parvient à l'aide du
phlogistique. Toutes les chaux métalliques se
réduisent aisément ; mais il n'est pas également
facile de réunir les molécules de métal pour en
former des masses , parce que la plupart d'entre
elles se volatilisent en même temps qu'elles se
réduisent ; le zinc, l'arsenic , l'antimoine & le
mercure sont dans ce cas ; d'autres métaux , tels
que le fer & la platine, ne se fondent & ne se
rassemblent que très-difficilement.

Lorsqu'une chaux passe à l'état métallique ,
on aperçoit une effervescence singulière , &
il se dégage des vapeurs âcres ; toutes les

réductions métalliques présentent le même phénomène ; mais l'effervescence n'est pas également sensible dans toutes, elle se fait sur-tout
remarquer dans la réduction de la chaux de
plomb ; il suffit de mêler une partie de résine
avec quatre parties de *minium*, & d'exposer ce
mélange au feu dans un creuset ; la résine en
s'enflammant laisse un charbon très-divisé,
dont chaque molécule porte son action sur la
chaux métallique ; dans cet instant le mélange
entre en incandescence, il se fait un bouillon-
nement très-vif, chaque point où l'effervescence s'est produite, devient une molécule de
métal brillante, & toutes ces molécules se réu-
nissent aussitôt par leur pesanteur au fond du
creuset.

L'effervescence de la réduction se fait dans
l'instant où l'acide de la chaux métallique se
combine avec le phlogistique ; une partie de
l'espèce de phosphore qui se forme alors, se
décompose en produisant des vapeurs âcres,
tandis que l'autre partie se combine avec la
terre métallique & régénère le métal.

Les métaux ne doivent point être considérés
comme des composés de terre métallique & de
phlogistique, mais comme des sur-composés qui
ont pour base une terre métallique combinée

avec du phosphore; & il me semble que c'est à juste titre que M. de Laſſone a donné au zinc le nom de *Phosphore métallique*. Si l'on examine, même avec attention, les propriétés du régule d'arſenic, on reconnoîtra que cette dénomination lui convient encore mieux : ce régule, en effet, répand en brûlant une odeur & une flamme ſemblables à celles du phosphore, & la chaux d'arſenic eſt un corroſif auſſi puiſſant que le phosphore.

Des Flux.

Pour ſéparer un métal des gangues avec leſquelles il eſt ſouvent mêlé dans les mines, on a recours à des fondans qu'on nomme *flux (ſ)*, & dont l'objet eſt de vitrifier les gangues ou matières étrangères au métal qu'on veut extraire. Ces fondans ſont ordinairement alkalins, mais ils doivent varier ſuivant la nature & la qualité des terres qui ſervent de gangues aux métaux. On y ajoute un peu de charbon pour reſtituer du phlogiſtique aux chaux métalliques.

(ſ) Dans le travail en grand, on donne à la terre calcaire employée comme fondant, le nom de *caſſine*, & à la terre argilleuſe employée pour le même objet, celui d'*herbue*,

Le *flux noir*, qui est le plus usité de ces fondans, se prépare en faisant détonner une partie de nitre avec deux parties de crême de tartre : l'alkali fixe qui en résulte est mêlé avec le charbon du tartre.

Pour déterminer la quantité de charbon contenue dans du flux noir nouvellement fait, je l'ai lessivé dans de l'eau distillée, & j'en ai retiré trois gros vingt-quatre grains de charbon par livre de flux noir.

Ce charbon laisse par l'incinération la moitié de son poids de terre absorbante soluble dans l'acide nitreux, & un trente-deuxième d'une matière qui n'y étoit pas soluble.

Le flux noir alkalin n'est pas propre à la réduction de tous les minéraux ; il y a tel métal dont on ne pourroit point obtenir de régule en en faisant usage ; l'étain & l'arsenic sont de ce nombre. Pour réduire les chaux de ces métaux, il suffit de les traiter avec de la poudre de charbon ; l'étain exposé à un feu vif dans un creuset *brasqué (t)*, se réduit facilement.

Du Charbon.

Le charbon étant la substance qui contient le

(t) On nomme *brasque* une couche de charbon en poudre, qu'on fixe par la pression aux parois d'un creuset.

plus de phlogiftique, c'eft celle qu'on emploie
de préférence pour le reftituer aux chaux métalliques.

Ce produit des fubftances végétales, mo-
difiées par le feu, eft une efpèce de foufre
compofé d'acide phofphorique, de terre abforbante, d'un peu de fer, & d'une matière produite par de l'huile brûlée qui lui donne une
couleur noire. La qualité du charbon de bois
varie fuivant la manière dont il a été préparé.
Pour obtenir un très-bon charbon, il eft à
propos de faire rougir une *pièce (u)* pendant
une journée, après qu'elle a été cuite, ce qui
opère un feptième de diminution fur la totalité.
Deux paniers de ce charbon mettent plus de
matière en fufion, que trois paniers de charbon
provenant d'un fourneau refroidi à l'inftant de
la cuiffon.

Le charbon donne, par la diftillation, des
vapeurs inflammables, & il peut être entièrement décompofé par l'acide vitriolique.

Si l'on expofe de bon charbon, réduit en
poudre, dans une cornue de verre lutée, à un
feu affez violent pour le tenir embrafé pendant

(*u*) On nomme *meule* le fourneau ou la pile de bois préparée
pour être réduite en charbon, on l'appelle *pièce*, après la
cuiffon ou réduction en charbon,

une heure, il remplit le récipient de vapeurs invisibles, mais qui s'enflamment en produisant une lumière inodore d'un blanc bleuâtre, lorsqu'on présente à l'orifice du récipient la flamme d'une bougie; si l'on adapte à la cornue un récipient avec de l'huile de tartre, les parois intérieures de ce récipient se couvrent de cristaux cubiques & parallèlipipèdes *(x)*, semblables à ceux du sel marin spathique. Le charbon ne perd que très-peu de son poids dans cette opération.

Si l'on distille une partie de charbon réduit en morceaux avec quarante parties d'huile de vitriol, l'acide vitriolique devient sulfureux, & passe coloré dans le récipient. Après la distillation, il ne reste dans la cornue qu'une petite quantité de sélénite. Cette expérience fait connoître que l'acide sulfureux est un mélange d'acide phosphorique & d'acide vitriolique altérés l'un par l'autre à la faveur de la matière inflammable, principe des charbons.

Si l'on décompose le charbon par l'inflam-

(x) M. de l'Isle, en répétant cette expérience, mit dans le récipient de l'eau distillée avec de la teinture de violette qui devint verte; lorsque la cornue fut rouge, il y adapta un récipient avec de la teinture de tournesol qui prit une couleur rouge.

mation à l'air libre, il en sort un acide inodore très-concentré qui, en pénétrant les corps métalliques exposés à son action, augmente leur pesanteur absolue, & leur donne, en les convertissant en chaux, des propriétés nouvelles dont j'ai parlé ci-dessus, *page 9 & suivantes.* Il est bon de remarquer que pour produire cet effet, il ne faut point que le corps métallique ait le contact du charbon, car alors on revivifieroit le métal loin de le calciner.

Le charbon de terre & le charbon qu'on obtient des substances animales, sont essentiellement composés des mêmes principes que le charbon végétal, mais ils diffèrent par la quantité & la nature des substances qu'ils contiennent.

Le charbon de terre est toujours uni avec un foie de soufre volatil, & un bitume fluide dont on le prive par la distillation ou par la torréfaction; le résidu de cette opération peut être substitué au charbon végétal. *Voyez la page 96 du I.ᵉʳ volume.*

Le charbon animal varie suivant la nature des parties qui l'ont fourni : celui des os brûlés est composé de beaucoup de terre absorbante, d'acide phosphorique & de phlogistique; la lessive de ses cendres étant faite avec de l'eau distillée, contient du natron. *Voyez la page 110 du I.ᵉʳ vol.*

Le charbon produit par l'uſtion du ſang ou des muſcles des animaux, eſt compoſé d'acide phoſphorique, de phlogiſtique, de fer & de très-peu de terre abſorbante ; je n'ai point obtenu de natron par la leſſive de ſes cendres.

Coupellation.

La réduction d'un minéral n'eſt ſouvent qu'un procédé préliminaire à la *coupellation* ; celle-ci conſiſte à vitrifier par le moyen du plomb les ſubſtances métalliques qui pourroient être mêlées avec l'or ou l'argent : il faut que le vaiſſeau qu'on emploie à cet uſage puiſſe contenir les métaux fondus, & les abſorber auſſitôt qu'ils ſont à l'état de verre ; pour que le vaiſſeau préſente beaucoup de ſurface à l'air & au feu, on lui donne une forme plate & évaſée comme celle d'une coupe, d'où lui eſt venu le nom de *coupelle.*

On prépare les coupelles avec la terre abſorbante *(y)* retirée des os calcinés ; on a ſoin de la réduire en poudre impalpable, & de la bien leſſiver pour diſſoudre tout le ſel marin &

(z) On doit préférer la terre abſorbante aux cendres leſſi-vées & calcinées, parce que celles-ci retiennent toujours un peu de fer, qui les rend moins propres à ſoutenir l'action d'un feu violent, & à réſiſter à la vitrification.

le natron qu'elle peut contenir. La manière dont je coupelle eſt très-prompte, peu coûteuſe, & par ſon moyen l'on détermine avec bien plus d'exactitude la quantité de fin que lorſqu'on fait l'eſſai ſous la moufle en ſe ſervant du fourneau de coupelle carré, dont l'uſage eſt preſque général. Voici mon procédé.

Je place la coupelle ſur un culot dans une forge remplie de charbons embraſés ; je fais une moufle avec une autre coupelle de même grandeur, échancrée ſuivant ſon diamètre, & un peu obliquement, pour avoir une eſpèce de petite voûte, deſtinée à laiſſer voir ce qui ſe paſſe dans la coupelle intérieure où eſt l'*œuvre* ; au moyen d'un feu vif, je fais entrer très-rapidement en bain brillant le plomb *(z)* ; puis j'iſole un peu la coupelle en retirant quelques charbons ; je dirige le vent d'un petit ſoufflet

---

(z) Pour déterminer le titre de l'or ou de l'argent, après avoir enveloppé ces métaux dans une feuille de plomb deſtinée à cet uſage, je les mets dans une coupelle, que je chauffe avant tout, pour diſſiper l'humidité dont elle pourroit être pénétrée ; dans les eſſais, il faut avoir ſoin de ne mettre dans la coupelle que la quantité de plomb qu'elle peut abſorber, c'eſt-à-dire, environ le poids de la coupelle : le plomb dont on fait uſage pour cette opération, ne doit point contenir d'argent, ce dont on s'aſſure en coupellant une partie de ce plomb.

fur le plomb, & je continue ainfi à fouffler doucement, jufqu'à l'inftant de la *corrufcation ;* alors j'anime un peu le feu, une minute après je retire la coupelle, & je trouve mon grain de fin très-brillant, ayant une petite cavité à l'endroit par où il adhéroit à la coupelle.

Pour éviter l'*écartement* ou la *végétation* du bouton, il faut le laiffer refroidir lentement dans la *coupelle*, car en fe refroidiffant promptement, la furface extérieure de l'argent fe fige, prend de la retraite, & comprime avec force la portion d'argent fondu qui eft en contact avec la coupelle ; alors il arrive quelquefois que la maffe en fufion fe fait jour à travers la partie figée, s'échappe avec effort, & produit la végétation qu'on trouve à la furface du bouton; or, dans ce cas, de petits globules d'argent peuvent jaillir hors de la coupelle.

Je crois qu'on doit donner la préférence à la manière de coupeller que je viens de décrire, parce qu'elle a du rapport avec la coupellation en grand, & que le grain de retour eft d'un vingtième plus pefant que celui qu'on obtient par le fourneau de coupelle ordinaire. Si par le procédé qui eft en ufage, le grain de retour eft moins confidérable, c'eft qu'il y a eu du fin d'abforbé par la coupelle, comme je m'en suis assuré, en réduisant la cendrée des Orfévres.

Les Gardes de la maison commune des Orfévres de Paris, sont chargés d'essayer les lingots destinés à l'argenterie pour en déterminer le titre ; on nomme *cendrée* ou *casse* les coupelles qui, après avoir servi à cette opération, sont imbues de litharge ; ceux qui les vendent ont soin d'en séparer la portion de terre absorbante, qui n'a point été pénétrée par la litharge, & ils l'emploient de nouveau pour faire des coupelles.

En fondant la *cendrée* avec deux parties de flux noir, j'en ai retiré trente-six livres de plomb par quintal ; les scories qui surnageoient la fonte étoient grises & compactes ; dans quelques-uns de mes essais j'ai obtenu des culots de plomb cellulaires, dont les cavités étoient tapissées de cristaux réguliers de litharge ; ces cristaux étoient en lames hexagones transparentes & d'un jaune brillant.

Le quintal de plomb que j'ai retiré de la cendrée des Orfévres, m'a produit par la coupellation deux onces sept gros huit grains d'argent. Cette quantité d'argent absorbée par les coupelles, démontre un vice essentiel dans l'expérience journalière des Gardes orfévres de Paris ; il doit même quelquefois mettre dans l'embarras les Artistes, puisque leur argent peut être réellement au titre, & que par le défaut de la coupellation le grain d'argent de retour se trouve avoir perdu plus qu'il ne le devoit. Or, cette perte n'arrive que parce que le feu employé pour coupeller n'est point assez vif, & qu'ainsi la vitrification du plomb se faisant trop lentement, la coupelle absorbe beaucoup plus d'argent. C'est ce que j'ai vérifié par une multitude d'expériences, & ce qui va être démontré par celle qui suit.

Ayant fondu une partie de mes *cendrées* (a) avec deux parties de flux noir, j'en ai retiré constamment trente-six livres de plomb par quintal, produit semblable à celui de la cendrée des Orfévres.

Ayant ensuite coupellé un quintal de ce plomb retiré de mes *cendrées*, je n'ai obtenu, dans tous mes essais, que soixante-quatre grains d'argent, résultat qui démontre que la cendrée des Orfévres contient seize cents grains d'argent de plus par quintal de plomb. Une absorption aussi marquée de la part de la coupelle, occasionne, comme on le voit, un déchet considérable au

____

(a) C'est-à-dire, des coupelles passées à ma manière.

grain de retour, & doit porter la matière deſtinée à l'argenterie, à un titre plus haut que
celui preſcrit par la loi *(b)*.

Diviſion des poids d'eſſai.

Pour déterminer le produit des eſſais des
mines, je me ſers du quintal fictif de M.
Hellot, repréſenté par cent grains; je diviſe
le grain en trente-ſix parties, parce que cette
fraction étant reportée au quintal réel, me
préſente une addition ſimple qui me met à
portée de juger dans un inſtant du produit net,
comme on le verra par les tables ſuivantes.

Diviſion des poids.

1 gros	72 grains.
1 $\frac{1}{2}$	108.
2	144.
2 $\frac{1}{2}$	180.
3	216.
3 $\frac{1}{2}$	252.
4	288.
4 $\frac{1}{2}$	324.

(b) Voyez le Mémoire intéreſſant de M. Tillet : « Sur la
» néceſſité qu'il y a dans les eſſais des matières d'argent,
» d'extraire des coupelles les particules d'argent fin qu'elles
» retiennent toujours, pour écarter les variations auxquelles
» cette opération eſt ſujette, & connoître ſûrement le titre
intrinſeque de ces matières ». *Mém. de l'Acad. année 1769.*

5 gros. . . . . 360 grains.
5 ½. . . . . 396.
6. . . . . 432.
6 ½. . . . . 468.
7. . . . . 504.
7 ½. . . . . 540.
8. . . . . 576.
plus 24 grains. . . 600.

Si cent grains produisent par la coupelle,
un trente-sixième de grain de fin, trois mille
six cents grains, ou six onces deux gros pro-
duiront un grain de fin.

liv.	onces.	gros.		grains.
//	12.	4. produiront. . . .		2.
//	25.			4.
3.	2.			8.
6.	4.			16.
12.	8.			32.
25.				64.
100.				256.

ou 3 gros 40 grains.

Multiplication des poids d'essai.

	once.	gros.	grains.
$\frac{1}{36}$.e de grain de retour équivaut à		3	40 de poids réel.
$\frac{2}{36}$.es		7	8.
$\frac{4}{36}$.es	1	6	16.
$\frac{8}{36}$.es	3	4	32.
$\frac{16}{36}$.es	7		64.
$\frac{32}{36}$.es	14	1	56.
$\frac{36}{36}$.es	16		

De la Dissolution.

La dissolution des corps, est leur passage de l'état de solidité à celui de fluidité, ce passage ne peut avoir lieu sans qu'il se fasse une combinaison nouvelle entre le dissolvant & le corps dissous, en quoi la dissolution diffère de la simple division. Les noms de *dissolvant* ou de *menstrue (c)*, conviennent également à toutes les substances qui ont la propriété de rompre l'agrégation des corps solides avec lesquels elles sont en contact. Tels sont entr'autres les acides,

---

(c) De *menstrue*, c'est-à-dire, d'un mois, parce que les Alchimistes étoient dans la persuasion que les dissolvans n'avoient produit leur effet qu'au bout d'un mois; le mois philosophique étoit de quarante jours.

les alkalis fixe & volatil, le feu, l'eau, le mercure, &c.

Lorsqu'un diſſolvant porte ſon action ſur une ſubſtance, il l'attaque avec plus ou moins d'énergie ſuivant ſa nature & celle de la ſubſtance même ſur laquelle il agit. La diſſolution ſe fait avec ou ſans chaleur, avec ou ſans efferveſcence ; cette dernière eſt ſouvent dûe à l'air qui ſe produit alors : il ſe dégage auſſi des vapeurs plus ou moins odorantes & quelquefois inflammables.

Les diſſolutions ſont colorées ou ſans couleur : chacune d'elles a une ſaveur qui lui eſt propre, & la plupart produiſent par l'évaporation des polyhèdres plus ou moins réguliers, qu'on nomme *criſtaux.* Voyez *Sels neutres.*

De la Précipitation.

La précipitation eſt une opération par laquelle une matière tenue en diſſolution eſt dégagée de ſon diſſolvant par l'intermède d'une troiſième ſubſtance ; le corps ſéparé ſe nomme *précipité,* & varie dans ſa nature à raiſon de la ſubſtance employée pour obtenir ce précipité.

Il y a trois ſortes de précipitations ; ſavoir,

$$\text{Par} \begin{cases} \text{les alkalis,} \\ \text{les acides,} \\ \text{les métaux.} \end{cases}$$

PREMIÈRE ESPÈCE.

Précipitation par les alkalis.

Lorsqu'on verse un alkali dans une dissolution métallique, elle se trouble, le métal se combine avec l'acide pesant qui est une des parties intégrantes de l'alkali *(d)*, & il en résulte un sel phosphorique ordinairement insoluble, qui se dégageant du dissolvant se dépose au fond du vase, d'où lui est venu le nom de *précipité.* Si je dis ordinairement insoluble, c'est qu'il y a plusieurs précipités métalliques qui sont solubles dans l'eau à la faveur d'un excès d'alkali ; le cuivre & l'or nous en fournissent des exemples.

Si la dissolution n'est point avec excès d'acide, la précipitation se fait sans effervescence sensible ; la couleur du précipité est différente suivant la nature du métal tenu en dissolution & l'espèce d'alkali employée pour l'en séparer ; de sorte qu'on peut juger, par la couleur du précipité, à quelle substance métallique on doit le rapporter.

(d) Les alkalis sont composés d'acide phosphorique & de terre absorbante.

Les métaux séparés de leur diffolvant par des alkalis, augmentent en pefanteur abfolue relativement à la nature des fubftances métalliques elles-mêmes; cette accrétion m'a paru relative à celle dont les métaux font fufceptibles en paffant à l'état de chaux par le moyen du feu. La plupart des précipités métalliques me paroiffent non-feulement en rapport, quant à la pefanteur, avec les chaux de ces mêmes métaux, mais partager auffi leurs autres propriétés; en effet, plufieurs de ces précipités, lorfqu'on les expofe au feu, fe vitrifient fans addition; ceux qui n'ont pas cette propriété font phofphoriques & fulminans; l'or & le mercure précipités par des alkalis en font des exemples.

DEUXIÈME ESPÈCE.

Précipitation par les acides.

La propriété qu'a l'acide marin de féparer les *métaux lunaires* (e) de leur diffolution, opérée par des acides plus pefans que lui, vient de ce que cet efprit de fel, étant uni, a plus de phlo-

---

(e) Ces métaux font, l'argent, le plomb, le mercure & le régule d'antimoine, que l'on a auffi nommés *métaux blancs* ou *mercuriels*.

giſtique que les acides nitreux & vitriolique,
ceux-ci s'emparent de ce phlogiſtique, & devenus par-là plus légers que l'acide marin,
celui-ci porte alors ſon action ſur les métaux
avec leſquels il forme des ſels qui demandent
beaucoup d'eau pour leur diſſolution. On a
nommé *métaux cornés (f)* les ſels formés d'acide
marin & de ſubſtances métalliques lunaires, &
l'on a donné le nom de *beurre* à celles de ces
ſubſtances, qui ont la propriété d'attirer l'humidité de l'air.

Si l'on diſtille les métaux cornés avec de
l'acide vitriolique, l'acide marin ſe dégage, ce
qui s'opère alors par la peſanteur ſpécifique de
l'acide vitriolique, beaucoup plus conſidérable
que n'eſt celle de l'acide marin.

TROISIÈME ESPÈCE.

Précipitation par les métaux, Départ, Cémentation.

Les ſubſtances métalliques diſſoutes dans les
acides, y ſont dépouillées de phlogiſtique; pour
pouvoir le leur reſtituer, il ſuffit de mettre dans

(f) La plupart prennent, après avoir été fondus, une
couleur à peu-près ſemblable à celle de la corne.

leur diffolution un métal plus léger que celui qui eft diffous; il fe fait alors une réduction par la voie humide; cette opération eft connue fous les noms de *départ* & de *cémentation*.

Le *départ (g)* eft l'opération par laquelle on dégage l'argent de fa diffolution par l'intermède du cuivre.

Si l'on fépare le cuivre de fa diffolution par le moyen du fer, on défigne cette opération fous le nom de *cémentation (h)*.

Dans l'un & l'autre cas, les métaux dégagés paroiffent fous leur brillant métallique; fi l'opération s'eft faite lentement, les métaux précipités affectent une forme régulière & criftallifée.

Expofition de l'ordre que j'ai fuivi dans la diftribution des fubftances métalliques.

J'ai commencé par le *mercure*, parce que ce métal fe trouve naturellement uni dans le fein de la terre, avec diverfes fubftances métalliques,

---

(g) Dans l'opération de l'affinage, on nomme *départ* la féparation de l'argent d'avec l'or, par le moyen de l'acide nitreux. On dégage enfuite l'argent de fa diffolution par l'intermède du cuivre.

(h) On nomme *eau cémentatoire* la diffolution de vitriol cuivreux.

& qu'on l'emploie pour la dissolution de la plupart des métaux *(i)*.

On a rencontré à Muschel-Landsberg, dans le duché des Deux-ponts, un amalgame solide & naturel, d'argent, qui contient deux tiers de ce métal & un tiers de mercure; j'ai aussi trouvé du mercure dans l'or gris cristallisé de Hongrie, dont M. le Comte d'Angivillers a un très-beau morceau dans son cabinet.

Je crois qu'on peut regarder le mercure comme un des intermèdes employés par la Nature pour produire les métaux vierges, sous la forme cristalline régulière que nous leur connoissons.

M. Fuchsel a le premier remarqué que le mercure étoit propre à faire cristalliser les métaux. *Voyez mes Mémoires de Chimie, page 70.*

La dissolution des substances métalliques par le mercure, diffère des autres dissolutions en ce qu'elle s'opère sans effervescence, au lieu qu'ordinairement, lorsqu'un menstrue dissout

---

(i) La dissolution des métaux par le moyen du mercure, se nomme *amalgame*. Suivant Henckel, dans son Introduction à la Minéralogie, *tome II, page 173. Amalgamer*, est un mot dérivé de l'Arabe, & qui signifie *dissoudre & amollir* les métaux par le moyen du mercure,

une substance, la combinaison se fait avec effervescence, & presque toujours avec chaleur; mais le mercure ne dissout pas toutes les substances métalliques avec une égale facilité ; il pénètre & dissout les unes sans qu'elles aient été chauffées, & il ne peut s'unir aux autres qu'après qu'elles ont été fondues.

Presque tous les métaux perdent une partie de leur phlogistique par l'amalgame, à la surface duquel se trouve la portion de métal réduite en chaux, tandis que l'autre portion cristallise à la faveur du mercure qu'elle retient : ces cristallisations sont plus ou moins régulières, & les formes qu'elles présentent varient suivant la nature du métal.

Du mercure, je passe à l'*arsenic*, parce que ce demi-métal singulier, se trouve uni dans les mines avec la plupart des substances métalliques ; mais principalement avec le *cobalt* & le *bismuth*, c'est pourquoi je parle de ces deux demi-métaux immédiatement après l'arsenic.

Le *zinc* & l'*antimoine,* ne s'étant point encore trouvés minéralisés par l'arsenic, je les ai classés indistinctement.

A l'égard des métaux, j'ai commencé par le fer, parce que ce métal est le plus répandu dans la Nature, & que par son union avec le soufre, il joue le plus grand rôle dans la physique souterreine. J'ai placé ensuite le *cuivre*, dont les mines contiennent presque toujours du fer.

Le *plomb* & l'*étain* contenant beaucoup moins de fer dans leurs mines, j'ai rangé ces métaux à la suite du cuivre.

Enfin après l'*argent*, l'*or* suit & la *platine*, parce que pour faire bien connoître les propriétés de ce métal nouveau, il faut préalablement déterminer celles de l'or.

Il est nécessaire de connoître aussi la pesanteur spécifique des substances métalliques, pour assigner les rapports qu'elles doivent avoir avec les acides : Voici ces métaux rangés suivant l'ordre de leur pesanteur. Or, Platine, Mercure, Plomb, Argent, Cuivre, Fer, Étain; c'est ce qu'on a heureusement exprimé par ce distique latin;

Sol, Chrysarge, Hermes, Saturnus, Luna, Venus, Mars, Jupiter, hâc serie decrescit ponderis ordo.

Mercure ou Vif-argent.

De toutes les substances métalliques, le mercure est la seule qui soit habituellement fluide : il est blanc & brillant comme de l'argent; il n'a ni goût, ni odeur, & quoiqu'il paroiffe plus froid que les autres métaux, il ne l'eft réellement pas, ce qu'on reconnoît en y plongeant un thermomètre.

Le mercure purifié étant de tous les fluides celui qui reçoit le plus promptement l'impreffion du chaud & du froid, devroit être la feule matière avec laquelle on préparât les thermomètres ; ceux qui font faits avec l'efprit-de-vin coloré ne peuvent indiquer le degré de chaleur de l'eau bouillante, puifque l'efprit-de-vin eft réduit en vapeurs avant d'avoir éprouvé ce degré ; d'ailleurs un grand froid peut geler l'efprit-de-vin, fur-tout s'il eft peu déflegmé, & alors le thermomètre fe rompt, comme M. de Maupertuis l'a éprouvé à Torneo. Cet accident n'arrive point au mercure, à moins qu'il n'ait éprouvé un degré de froid beaucoup plus confidérable, alors il peut auffi fe folidifier ; mais M. le profeffeur Pallas, à qui l'on eft redevable de plufieurs obfervations nouvelles fur la condenfation du mercure par le froid, ne dit point qu'en fe folidifiant, le mercure foit fufceptible de dilatation comme l'eau qui fe glace *(k)*.

(k) Le fer fondu fe dilate auffi par le refroidiffement.

Dans sa lettre datée de

Krasnejarsk, le 17 Décembre 1772,

ce Professeur rapporte : « Qu'il exposa en plein
» air, du côté du nord, quatre onces de mer-
» cure dans une tasse de porcelaine ; qu'au
» bout de trois quarts d'heure il en trouva les
» bords & la superficie gelés, l'intérieur étant
» encore fluide ; qu'une heure après le tout
» s'étoit converti en une masse très-semblable
» à de l'étain mou, pliable, & propre à être
» battu en lames; que cette masse, pour peu
» qu'elle fût échauffée par les coups de mar-
» teau *(1)*, laissoit échapper quelques globules;
» qu'on pouvoit enfin la rompre facilement,
» mais que les morceaux se réunissoient aussitôt
qu'ils venoient à se toucher ».

Lorsque le mercure se rencontre dans l'intérieur de la terre sous forme métallique, on le
nomme *mercure vierge* ou *coulant ;* mais il est plus
ordinaire de le trouver combiné avec le soufre ;
on le nomme alors *cinabre :* on l'appelle *mercure
corné* quand il est combiné avec de l'acide marin ;
ce dernier est un vrai sel métallique, qui ne

---

(1) L'enclume & le marteau avoient été exposés au même
degré de froid que le mercure.

diffère en rien de la préparation mercurielle appelée *mercure doux*.

Tous les acides minéraux ont de l'action sur le mercure & le dissolvent avec plus ou moins de facilité.

La chaux rouge de mercure, connue sous le nom de précipité *per se*, est un sel formé par l'acide du feu qui s'est combiné avec le mercure. Il suffit, pour obtenir cette chaux, de tenir du mercure exposé pendant long-temps à un degré de feu convenable ; il commence par noircir, & finit par prendre une couleur rouge ; lorsqu'il est ainsi altéré, on trouve qu'il a augmenté d'un douzième. Si durant l'opération on a donné d'abord assez de feu pour qu'une partie du mercure se soit attachée aux parois du matras ; cette portion en se convertissant en chaux, prend une forme régulière & cristallisée. M. Baumé m'en a fait voir dont les cristaux étoient cubiques, rouges & transparens comme le rubis *(m)*.

Si l'on distille dans une cornue le mercure précipité *per se*, il se réduit sans addition.

Lorsqu'on distille deux parties d'huile de

(m) Cette couleur s'altère à l'air, où les cristaux dont il s'agit deviennent opaques & brunâtres.

vitriol avec une de mercure, il paſſe de l'acide ſulfureux, puis de l'acide vitriolique : le réſidu de la diſtillation eſt blanc, c'eſt un vitriol de mercure calciné ; il prend, en y verſant de l'eau, une couleur d'un jaune de jonquille : on le nomme alors *turbith minéral.*

L'acide nitreux paroît être le diſſolvant du mercure : il l'attaque avec efferveſcence *(n)*, & la diſſolution qui en réſulte, eſt connue ſous le nom d'*eau mercurielle ;* on en obtient, par l'éva-poration, des criſtaux blancs, tranſparens, formés de deux pyramides quadrangulaires tronquées près de leur baſe & aux quatre angles formés par la jonction des deux pyramides : ce ſel corroſif eſt connu ſous le nom de *nitre mercuriel ;* expoſé à l'air, il perd une partie de l'eau de ſa criſtalliſation, devient jaune & opaque. La partie qui a jauni eſt preſque inſoluble, & m'a paru de la nature du *turbith ;* je la crois produite par l'acide vitriolique répandu dans l'air, qui déplaçant l'acide nitreux, s'unit avec

---

(n) Lorſque le métal ſe diſſout, l'acide nitreux devient vert & bleu, il ſe dégage beaucoup de vapeurs nitreuſes, d'un rouge foncé ; cependant la diſſolution reſte blanche & limpide, & les différentes couleurs qu'on remarque durant la diſſolution du mercure, ne ſont dûes qu'au phlogiſtique qui s'en dégage.

le métal, avec lequel il forme un vitriol de mercure.

Si l'on sépare du nitre mercuriel l'acide qui lui est joint, en distillant ce sel dans une cornue, on obtient une poudre rouge presque entière-ment privée d'acide nitreux, à laquelle on a improprement donné le nom de précipité rouge. Dans cette opération, le mercure s'unit à l'acide phosphorique émané du feu ; or, c'est ce même acide qui colore en rouge le cinabre & le précipité *per se*.

Si l'on verse de l'acide marin dans une dissolution de nitre mercuriel, il se fait un précipité blanc, qui est du *mercure corné* ; en exposant au feu ce précipité dans des vaisseaux convenables, il se sublime, & produit des cristaux blancs, transparens, qu'on nomme *mercure doux, (aquila alba)*.

De quelque manière qu'on s'y prenne pour combiner l'acide marin avec le mercure, jusqu'au point de saturation, on obtient un sel neutre, insoluble dans l'eau, & qui, lorsqu'on l'expose au feu, s'y volatilise sans se décomposer : ce sel offre quelquefois en se sublimant, des cristaux prismatiques tétrahèdres, terminés par des pyramides à quatre pans ; souvent aussi ces pyramides font très-alongées , & jointes bafe à bafe, d'où réfultent des octahèdres.

Le mercure eft fufceptible de fe combiner avec un excès d'acide marin, d'où réfulte un fel corrofif, connu fous le nom de *fublimé :* ce fel mercuriel eft foluble dans l'eau, & produit des criftaux très-différens par leur forme; M. de l'Ifle en a vu chez M. Bucquet en parallé-lipipèdes obliquangles , dont les extrémités étoient tronquées de biais : M. Thouvenel m'a fait voir un très-beau criftal de fublimé corrofif, dont la forme étoit un prifme hexahèdre un peu comprimé.

Le fublimé corrofif fe diffout avec une facilité fingulière dans les liqueurs fpiritueufes, & fur-tout dans l'éther, tandis que le mercure doux n'y eft pas plus foluble que dans l'eau.

L'excès d'acide marin qui fe trouve dans le fublimé corrofif , le rend beaucoup plus volatil que le mercure doux, & que le mercure même à l'état métallique. Je me fuis affuré de ce fait en mettant dans le même bain de fable trois cornues d'égale grandeur, avec des quantités pareilles de mercure doux, de fublimé corrofif & de mercure; par un feu gradué, le fublimé corrofif fe fublima avant que le mercure eût commencé à diftiller, & tout celui-ci avoit paſſé dans le récipient, avant que le mercure doux eût donné des marques senſibles de ſublimation.

Si dans une diſſolution mercurielle on verſe de l'eau de chaux ou de l'alkali, ſoit fixe, ſoit volatil, il ſe fait des précipités qui ne diffèrent entre eux que par la couleur; puiſqu'ils ſont tous des ſels phoſphoriques mercuriels, qui acquèrent la propriété de fulminer lorſqu'on les mêle avec une petite quantité de ſoufre. Il ſuffit, comme l'a indiqué M. Bayen, & comme je l'ai vérifié, de mêler un demi-gros de précipité mercuriel avec ſix grains de fleurs de ſoufre, & de chauffer ce mélange dans une cuiller de fer, pour le faire fulminer.

M. Bayen a reconnu que le précipité mercuriel fait par le moyen de la chaux, étoit plus fulminant que les autres.

Ces précipités mercuriels ſont ſolubles dans l'acide du vinaigre avec lequel ils forment un ſel neutre, blanc, feuilleté & brillant, qu'on pourroit déſigner ſous le nom de *mercure folié.*

Deux parties de fleurs de ſoufre étant unies par le moyen de la trituration, avec une partie de mercure, produiſent une poudre noire qu'on nomme *éthiops minéral* (o). Si l'on sublime cet *éthiops*, on obtient un cinabre noirâtre, lequel étant sublimé une seconde fois, prend une couleur d'un gris brillant & rougeâtre : ce cinabre est strié dans sa fracture; divisé par la trituration, il prend une couleur rouge très-vive qui ne s'altère point à l'air ; on l'emploie dans la peinture sous le nom de *vermillon* (p).

M. Wiegleb, apothicaire de Languensaliza en Thuringe, a le prèmier fait connoître qu'avec le foie de soufre volatil, on pouvoit convertir le mercure en cinabre par la voie humide. Il suffit pour cela d'agiter du mercure avec la dissolution de foie de soufre volatil , aussitôt le mercure se divise & noircit, peu de temps après, il prend la plus belle couleur rouge.

J'ai répété plusieurs fois l'expérience du Chimiste de Thuringe, & j'ai reconnu que la

---

(o) Lorsqu'on triture ensemble du soufre & du mercure, il s'en dégage une odeur de foie de soufre décomposé; c'est à ce foie de soufre volatil qu'est dûe la couleur noire de l'*éthiops*. Si l'on verse de la liqueur fumante de Boyle dans une dissolution de nitre mercuriel, il se fait sur le champ un précipité noir, qui est un véritable *éthiops*.

(p) Il est dangereux de se chauffer avec du bois coloré en rouge par le vermillon ; car le mercure, en se dégageant, peut occasionner la salivation.

liqueur fumante de Boyle, étoit plus propre à former inftanément le cinabre que le foie de foufre volatil.

Il y a lieu de croire que le cinabre naturel a été produit par la voie humide, & que c'eſt par l'intermède du foie de foufre volatil que ce minéral s'eſt formé ; le ſel ammoniac ſulfureux qu'on retire par la révivification des mines de mercure du Palatinat, me paroît propre à étayer ce fentiment.

Le fourneau qu'on emploie dans le Palatinat pour la révivification des mines de mercure, eſt une efpèce de galère dans laquelle on place quarante-huit cornues de fer ; on double les rangs de manière qu'il y a une cornue qui ſe trouve repoſer ſur deux autres, comme on le verra par la coupe du fourneau *(q)* ; ces cornues font affujetties à demeure dans la galère, & on ne les retire que lorſqu'elles font détruites ; il y en a qui fervent à mille ou douze cents diſtillations ; on a feulement foin de les retourner après un certain temps, afin que la partie qui eſt expoſée immédiatement à l'action du feu

---

(q) Mémoires de l'Académie royale des Sciences pour l'année 1776, où j'ai donné le plan & la deſcription du fourneau qui eſt en ufage dans le Palatinat.

Tome II.   D

du charbon de terre, & qui par cette raison s'altère plus promptement, soit renouvelée ; sans cette précaution, les cornues dureroient beaucoup moins.

Ces cornues ou cucurbites, sont faites de fer de gueuse : elles ont un pouce d'épaisseur, sur une longueur de trois pieds neuf pouces ou environ ; leur grand diamètre est d'un pied ; celui du col de la cornue est de cinq pouces : l'extrémité opposée est quelquefois terminée par un cercle de quatre pouces, qui sert à les rendre plus maniables.

Pour révivifier le mercure de sa mine, on mêle un tiers de chaux éteinte avec le minéral choisi, boccardé & tamisé par un crible de fer ; on charge & décharge les cornues *(r)* avec des cuillers de fer faites exprès ; on adapte au col de chaque cornue un récipient de terre cuite, où l'on met de l'eau jusqu'au tiers ; on lute ces récipiens aux cornues avec de l'argile ; on chauffe le fourneau avec du charbon de terre, & on gradue le feu par le moyen de huit ou dix ouvertures, qui sont pratiquées

----

(r) Chaque cornue contient environ soixante livres de ce mélange.

de chaque côté à la surface de la galère *(f)* ; ces ouvertures ou évents, tiennent lieu de cheminées, & forment autant de courans d'air qui animent le feu du fourneau. On chauffe ce fourneau par les deux extrémités ; après un feu foutenu pendant dix ou onze heures, on trouve dans les récipiens le mercure révivifié, & à fa surface, une poudre noire que l'on nomme *noir mercuriel :* c'eft un vrai *éthiops* formé par du foie de foufre volatil, qui a porté fon action fur du mercure. Pour en dégager ce métal, on le lave, on le paffe à travers un linge & on l'effuie.

M. Gualandris *(t)* ayant ramaffé fur la furface des récipiens de terre du fourneau de *Moërfchfeld* dans le Palatinat, une eifflorefcence faline, brunâtre, il me pria de l'examiner ; j'ai reconnu par l'analyfe que j'en ai faite, que c'étoit un fel ammoniac fulfureux & martial, qui, je crois, fe forme de la manière fuivante. Durant la révivification du mercure, une partie du foufre qui le minéralifoit, brûle

---

(f) La galère a vingt-quatre pieds de long fur cinq pieds de haut & autant de large.

(t) M. Angelo Gualandris, Docteur en Médecine de la Faculté de Padoue, très-inftruit dans la Minéralogie & la Métallurgie.

& produit de l'acide fulfureux , lequel décompofe une partie du foie de foufre contenu dans
le cinabre ; cet acide fulfureux s'uniffant à
l'alkali volatil qui fe dégage du foie de foufre
décompofé , forme le fel ammoniac fulfureux
qui fe rencontre à la furface des récipiens ; la
portion de foie de foufre volatil qui n'a point
été décompofée , paffe durant la diftillation ,
& noircit la furface du mercure , en la con-
vertiffant en cet éthiops nommé *noir mercuriel* ,
dont j'ai parlé plus haut.

Dans le temps où les Mineurs allemands
exploitoient les mines d'Almaden , à quarante
& une lieues *(u)* de Madrid vers l'oueft , on

(u) M. Bowles , à qui l'on eft redevable de l'Hiftoire
phyfique & géographique de l'Efpagne , dit que la lieue
de ce pays eft d'un tiers plus longue que celle de France ;
ce même Auteur , en parlant de la mine de mercure
d'Almaden , obferve : « que cette mine eft très-anciennement
« connue ; que Théophrafte , qui vivoit trois cents ans avant
« J. C. parle du cinabre d'Efpagne , & que les dames
Romaines l'employoient pour fe farder ».

M. Bowles rapporte que les filons de la mine d'Almaden
ont depuis trois jufqu'à quatorze pieds de largeur , qu'ils fe
joignent vers la partie la plus convexe de la colline , & s'élar-
giffent jufqu'à cent pieds.

La mine d'Almaden fournit , par année , cinq à fix mille
quintaux de mercure pour le Mexique.

y faifoit ufage de cornues ; celui des fourneaux de reverbère avec leurs aludels, y a été introduit en 1646 , par Dom Juan-Alfonfe de Baftamente.

Ce fourneau d'Almaden, dont on trouve la defcription dans les Mémoires de l'Académie des Sciences, *pour l'année 1719 ,* eft carré & d'environ douze pieds de haut ; mais fon intérieur n'a que quatre pieds & demi. On accole ordinairement deux de ces fourneaux ; leur foyer a environ cinq pieds de hauteur, & l'efpace depuis la grille de fer, enduite de terre ou de brique, a environ fept pieds. On place fur la grille les gros morceaux de mine, & on les arrange par une ouverture latérale du fourneau ; on mêle les petits morceaux avec de la terre graffe pour en former des carrés, qu'on place par l'ouverture du dôme du fourneau, où l'on ne laiffe qu'un pied & demi d'efpace vide. La cheminée de ce fourneau répond à la porte du foyer, & ne s'élève que de deux ou trois pieds au-deffus du fourneau.

Le derrière du fourneau, qui eft le côté oppofé à l'ouverture du foyer, eft appuyé jufqu'à un pied & demi près de fa partie la plus élevée, contre une terraffe en talus, & le pied & demi d'excédant du mur de ce

fourneau , est percé dans son étendue de seize
ouvertures , chacune de sept pouces de diamètre ,
rangées sur une même ligne horizontale.

La terrasse qui a environ cinq toises de
longueur , est terminée par un petit bâtiment
qui fait face à la partie postérieure des fourneaux ; le sol de cette terrasse est pavé &
descend de chaque extrémité , par laquelle elle
touche au petit bâtiment d'une part , & de
l'autre au fourneau , en une pente douce qui
forme une rigole au milieu.

Cette terrasse est destinée à soutenir des
aludels de terre , d'un demi-pied de diamètre
sur deux de longueur ; l'une des extrémités
de ces aludels est toujours d'un moindre diamètre que l'autre , parce qu'elles sont destinées
à se recevoir , pour former une chaîne non
interrompue.

On chauffe la mine pendant trois jours ;
l'acide sulfureux circule dans les aludels , se
rend dans le petit bâtiment pratiqué à l'une
des extrémités de la terrasse , & une partie
de cet acide s'échappe par les cheminées qui
y sont pratiquées ; on laisse refroidir le fourneau
pendant trois autres jours , après lesquels on
délute les aludels , puis on va verser le mercure
dans une chambre carrée , dont les côtés qui

font en talus, vont aboutir à un petit puits placé au milieu de la chambre. C'est en coulant des extrémités de cette chambre jufqu'à ce puits, que le mercure fe fépare du noir mercuriel qui eft à fa furface.

La quantité de mercure qu'on retire d'un fourneau durant une diftillation, eft au moins de vingt-cinq quintaux, & quelquefois de foixante.

On conferve le mercure dans des poches de peau de mouton, fufpendues fur des vaiffeaux de terre, jufqu'à ce qu'on l'envoye au Mexique.

M. Bowles dit qu'il y a à Almaden douze fourneaux qui portent les noms des douze Apôtres; qu'il y en a toujours quatre pleins & allumés; il ajoute que chaque fourneau contient deux cents quintaux de minéral.

PREMIÈRE ESPÈCE.

Mercure vierge ou *natif*, *Mercure coulant.*

Il ne diffère point du mercure révivifié du cinabre; ce mercure natif fe trouve, foit avec le cinabre même, foit avec de l'argile, du fchifte, & fouvent avec des pyrites martiales.

Pour extraire le mercure des terres où il eft

contenu, il suffit de les distiller dans une cornue de fer, de grès ou de verre.

On trouve du mercure vierge dans les amalgames naturels.

DEUXIÈME ESPÈCE.

Mercure minéralisé par le soufre, Cinabre.

Cette mine de mercure sulfureuse, est d'un rouge plus ou moins sombre, on la trouve en cristaux transparens, ou en masses solides, ou en poudre d'un rouge vif.

PREMIÈRE VARIÉTÉ.

Cinabre transparent d'une couleur rouge, semblable à celle du rubis.

Il cristallise en prismes triangulaires, très-courts, terminés par deux pyramides triangulaires tronquées : on en trouve à Moërschfeld, dans le Palatinat, ainsi qu'à Muschel-Landsberg, dans le Duché des Deux-Ponts, dont les cristaux sont accompagnés de mercure coulant & d'asphalte d'un noir luisant, entre deux lisières de quartz mêlées de cinabre.

Outre cette variété, M. de Romé de l'Ile, dans sa *Description des minéraux*, en cite une dont les deux pyramides triangulaires tronquées font jointes bafe à bafe fans prifme intermédiaire.

DEUXIÈME VARIÉTÉ.

Cinabre folide.

Il eft quelquefois compofé de feuilles opaques & très-rouges ; mais plus ordinairement il eft en maffes folides couleur de brique.

Le cinabre de Hongrie renferme quelquefois de l'or natif : cette mine de mercure fulfureufe fe trouve fouvent mêlée avec la pyrite martiale ou cuivreufe.

TROISIÈME VARIÉTÉ.

Cinabre en poudre d'un rouge-vif.

Celui-ci qu'on nomme auffi *fleurs de cinabre*, eft velouté, & quelquefois ftrié ; on le trouve dans les cavités d'une efpèce d'hématite brune.

Le cinabre fe trouve fouvent mêlé avec différentes terres; telle eft la mine de mercure argileufe & martiale de Wolfstein, dans le Palatinat, qui eft graffe au toucher, & qui fe divife aifément dans l'eau, à caufe de l'argile qu'elle contient.

Pour déterminer la quantité de mercure qu'on pouvoit retirer de cette mine, j'en ai distillé deux parties avec une de limaille de fer : il s'est dégagé du foie de soufre volatil, & ensuite du mercure, dont la surface a noirci & passé à l'état d'*éthiops (x)*, quoiqu'il y eût beaucoup d'eau dans le récipient. Le cinabre argileux de Wolfstein m'a produit, par ce moyen, cinquante-deux livres de mercure par quintal. Ayant employé une partie de chaux éteinte, contre deux parties de cette même mine de mercure, je n'ai retiré par la distillation que quarante-six livres de mercure ; le résidu étoit noir, & contenoit du foie de soufre terreux, avec du fer attirable par l'aimant.

Le mercure que j'obtins par cette opération, étoit couvert d'une pellicule d'*éthiops*, dont je dégageai le mercure en le lavant & le passant à travers un linge.

Le foie de soufre terreux se forme durant la décomposition du cinabre, par la combinaison du soufre que cette mine contient, avec

---

(x) Cette altération du mercure est produite par le foie de soufre volatil, qui se dégage durant la révivification du mercure.

la terre calcaire dont on s'est servi pour en dégager le mercure.

Un phénomène qui m'a paru intéressant dans cette opération, c'est la réduction de la terre martiale que contenoit le cinabre argileux ; en effet, ce métal étoit dans la mine à l'état d'ochre rouge, & après sa distillation avec la chaux, il a été réduit en fer attirable.

Pour déterminer la quantité de fer contenue dans la mine de mercure argileuse de Wolfstein, j'ai calciné de cette mine dans un test ; elle y a diminué d'un peu plus de la moitié de son poids : le mercure & le soufre se sont dissipés par cette torréfaction : ayant ensuite fondu le résidu dans un creuset brasqué avec deux parties de flux vitreux, j'en ai retiré trente-deux livres de fer ductile par quintal de mine.

Il résulte de ces essais, que la mine de cinabre argileuse & martiale de Wolfstein dont je me suis servi, contenoit par quintal,

Mercure	52 livres.
Soufre	5.
Fer	32.
Argile	11.
TOTAL	100.

Le cinabre pur ne peut se décomposer sans intermède dans les vaisseaux fermés, il ne fait que s'y sublimer ; les expériences dont je viens de rendre compte font voir que dans les essais il faut préférer la limaille de fer à la chaux éteinte, pour opérer la décomposition du cinabre.

On peut aisément reconnoître si une mine contient du mercure, en la réduisant en poudre, & en la mêlant avec deux parties de limaille de fer ; après avoir mis ce mélange sur une brique rougie au feu, on le couvre avec un verre ; le mercure se sublime aussitôt, s'attache aux parois du verre & les obscurcit : on peut séparer une partie du soufre du cinabre, en distillant *(y)* cette mine avec deux parties d'acide vitriolique ; il passe d'abord de l'acide sulfureux, puis du soufre citrin & de l'huile de vitriol sulfureuse : on trouve dans la cornue un résidu blanc qui est un vitriol de mercure calciné, lequel devient jaune aussitôt qu'on l'a lavé dans de l'eau.

TROISIÈME ESPÈCE.

Mine de Mercure cornée volatile (z).

Cette mine dans laquelle le mercure est

(y) Pendant cette distillation, une partie du soufre est décomposée par l'acide vitriolique.

(z) Si j'appelle cette mine *volatile*, c'est qu'étant exposée

minéralifé par l'acide marin, eft en rapport avec la combinaifon artificielle connue fous le nom de *mercure doux*, ce qui lui a fait auffi donner par quelques-uns le nom de *mercure doux natif.*

Cette mine de mercure cornée *(a)*, a d'ordinaire pour gangue une mine de fer terreufe, dans les cavités de laquelle elle eft prefque toujours criftallifée : ces criftaux varient par leur forme & leur couleur ; il y en a de blancs, de gris, de verdâtres, de tranfparens & d'opaques ; leur forme eft comme dans le mercure doux artificiel, un prifme à quatre pans terminé par des pyramides tétrahèdres entières ou tronquées.

Ayant diftillé, dans une cornue de verre lutée, de cette mine de mercure cornée grife & criftallifée, elle s'eft fublimée dans le col de la retorte ; après avoir détaché ce fublimé, j'ai reconnu qu'il étoit infipide, infoluble, & qu'il avoit du rapport avec le mercure doux ; j'en

---

au feu fans intermède, elle s'y fublime fans fe décompofer, en quoi elle diffère de l'efpèce fuivante, dont le mercure fe dégage au moindre degré de chaleur.

(a) Je tiens de M. Woulf, de la Société royale de Londres, le premier échantillon de cette mine, trouvée à Mufchel-Landsberg, dans le Duché des Deux-Ponts.

mis six grains dans un morceau de biscuit, que je fis manger à un petit chien, & il n'en fut point incommodé.

Pour déterminer la quantité de métal que contenoit la mine de mercure cornée grise, j'en ai distillé une partie, avec trois parties de flux noir, dans une cornue de verre lutée, au fourneau de reverbère ; le mercure s'est dégagé sous sa forme métallique, & j'ai reconnu, après l'avoir pesé, qu'il se trouvoit dans cette mine dans la proportion de quatre-vingt-six livres par quintal ; il ne faut par conséquent que quatorze livres d'acide marin pour minéraliser une pareille quantité de mercure.

Le résidu de cette distillation ayant été dissous, filtré & évaporé, a donné du sel fébrifuge de Silvius.

Le mercure doux, traité de la même manière, a produit des résultats semblables.

QUATRIÈME ESPÈCE.

Mine de Mercure cornée brune.

Cette mine se trouve en masses irrégulières, pesantes & solides ; elle diffère de la précédente en ce qu'elle contient, outre l'acide marin & le mercure, une matière grasse, qui lors de la diſtillation, ſe combinant avec l'acide, le rend volatil & le dégage du mercure qui paſſe dans le récipient ſous forme métallique.

La mine de mercure cornée brune de Carinthie, contient quelquefois un peu de fer & de terre calcaire; quoique le mercure n'y ſoit point apparent, la ſeule chaleur de la main ſuffit pour en faire ſortir des globules qui ſuintent de divers points de la ſurface, & rentrent dans l'intérieur du morceau, à meſure qu'il reprend la température de l'atmoſphère.

Ayant diſtillé une once de cette mine dans une cornue de verre lutée au fourneau de reverbère; j'en ai retiré ſept gros de mercure coulant, & je n'ai trouvé au fond de la cornue que trois grains d'un réſidu brun, qui contenoit de la terre calcaire colorée par du fer.

Une pareille quantité de cette mine miſe à diſtiller dans une cornue à laquelle j'avois adapté pour récipient des balons enfilés, dont le premier contenoit de l'eau pour recevoir le mercure, & le ſecond de l'huile de tartre par défaillance, j'ai trouvé aux parois intérieures de ce dernier des criſtaux cubiques & parallélipipèdes qui décrépitoient ſur les charbons ardens.

Arsenic.

L'arsenic est un demi-métal gris & brillant, qui noircit très-promptement à l'air. On le trouve assez fréquemment pur & natif, ou à l'état de régule ; mais souvent il est combiné avec des substances métalliques, & pour lors sa couleur est d'un gris plus blanc, & ne change pas sensiblement à l'air.

Si l'on expose du régule d'arsenic à un feu propre à le faire rougir, il produit une flamme bleuâtre, & se dissipe sous la forme d'une fumée blanche & épaisse *(b)*, qui répand une forte odeur d'ail ; cette fumée étant condensée, offre une poudre blanche, pesante, insipide, inodore, soluble dans l'eau, qu'on nomme communément *arsenic ;* cette chaux étant exposée de nouveau à l'action du feu, brûle sans produire de flamme, répand une odeur d'ail, & si on la reçoit dans des vaisseaux faits exprès, on trouve qu'elle n'a pas sensiblement perdu de son poids.

(b) L'arsenic est de toutes les substances métalliques la plus volatile, & celle qui se réduit le plus promptement en chaux ; quoique les vapeurs arsenicales soient fort dangereuses, les fondeurs craignent beaucoup plus celles du plomb.

J'ai

J'ai fublimé douze fois une quantité donnée de chaux d'arfenic, & je ne me fuis point aperçu qu'elle eût éprouvé de l'altération ; on trouve fouvent, par ce procédé, dans le col de la cornue, des criftaux triangulaires de verre d'arfenic blanc & tranfparent.

Pour obtenir du verre d'arfenic en maffes brillantes & tranfparentes, il faut faire fondre la chaux de ce demi-métal dans un tuyau de fer exactement fermé par fes extrémités : le tuyau étant refroidi, le verre d'arfenic s'en détache fous la forme d'une maffe tranfparente d'un blanc jaunâtre, qui expofée à l'air libre, en attire l'humidité, & y devient opaque ou d'un blanc mat par l'efflorefcence.

La chaux & le verre d'arfenic font folubles dans l'eau *(b)* & dans les corps gras, tandis que le régule de ce demi-métal n'y éprouve aucune altération. J'ai reconnu que l'arfenic étoit moins dangereux lorfqu'il eft à l'état de régule, que dans l'état de verre ou de chaux. J'ai fait prendre à un chat demi-once de régule d'arfenic en quatre jours ; l'animal maigrit pendant quel-

---

(b) L'arfenic fe diffout dans environ quinze parties d'eau bouillante, cette diffolution donne, par le refroidiffement, des criftaux triangulaires jaunâtres,

que temps, & reprit après son embonpoint, tandis qu'un autre chat, auquel j'avois fait prendre un gros de chaux d'arsenic en deux jours, mourut le troisième.

La chaux d'arsenic, quoique blanche, contient souvent des substances métalliques qu'elle a volatilisées, comme l'expérience suivante nous l'apprend.

Ayant distillé de la chaux d'arsenic avec trois parties d'huile de vitriol, il passa d'abord de l'acide sulfureux, puis de l'huile de vitriol, & il se sublima de l'arsenic blanc ; le résidu de la distillation étoit bleu & transparent ; je reconnus après l'avoir cassé, que plusieurs de ses fragmens représentoient des pyramides à six pans ; ce résidu, exposé à l'air, de transparent & bleu qu'il étoit, devint opaque & lilas ; c'étoit du vitriol d'arsenic mêlé d'un peu de cobalt ; une partie de ce résidu, exposée au feu pendant une demi-heure, ne répandit point d'odeur d'ail, & ne me parut point avoir sensiblement perdu de son poids ; la masse qui restoit au fond du creuset, étoit vitreuse, verdâtre & cellulaire.

Ayant aussi distillé dans une cornue de verre au fourneau de réverbère, parties égales de chaux d'arsenic & de sel ammoniac, il a passé quelques gouttes d'alkali volatil & un peu de beurre d'arſenic ; il s'eſt enſuite ſublimé du ſel ammoniac & de l'arſenic ; ce qui reſtoit dans la cornue étoit verdâtre, mais expoſé à l'air, eſt devenu brun : une partie de ce réſidu, fondue avec du borax, a pris une belle couleur bleue.

La chaux & le verre d'arſenic, quoiqu'inſipides, ſont des poiſons corroſifs, lents & des plus violens ; appliqués ſur les plaies, ils agiſſent comme eſcarotiques : mais l'arſenic reſorbé par cette voie dans la maſſe du ſang, étant capable d'occaſionner les déſordres les plus cruels, & la mort même, il ſeroit à propos qu'on proſcrivît ſon uſage extérieur, même de la Médecine vétérinaire : il a néanmoins été un temps où ce poiſon terrible & delétère, a été employé comme fébrifuge ; le vinaigre pris en boiſſon avec de l'eau & en lavement, paroît être un antidote de l'arſenic, préférable aux émulſions.

Pour reporter la chaux d'arſenic à l'état métallique ; je diſtille, dans une cornue de verre, un mélange compoſé d'une partie de cette chaux, & de deux parties de charbon en poudre : l'arſenic, en ſe ſublimant ſous forme métallique, s'attache aux parois du col de la cornue, y fond & s'y criſtalliſe ; lorſqu'on caſſe la cornue pour en retirer ce régule, l'on trouve que la partie qui adhéroit au verre, eſt blanche & brillante comme de l'argent ; mais elle ſe ternit & noircit preſque auſſitôt qu'elle a le contact de l'air.

On vend dans le commerce, ſous le nom impropre de *cobalt*, du régule d'arſenic en maſſes poreuſes, compoſées de lames triangulaires, hexagones & rhomboïdales.

La chaux d'arſenic eſt propre à décompoſer le nitre, & l'acide nitreux qu'on obtient par ce moyen, eſt très-concentré ; pour le coërcer, on eſt obligé de mettre de l'eau dans les récipiens : cette eau prend une couleur bleue *(c)*, & il s'en dégage des vapeurs jaunes ; le réſidu de la diſtillation de parties égales de nitre & de chaux d'arſenic eſt blanc & demi tranſparent ; c'eſt un ſel formé par l'alkali fixe du nitre & la chaux d'arſenic ; il ſe diſſout dans quatre ou cinq parties d'eau, & cette diſſolution donne par le refroidiſſement, des criſtaux blancs & tranſparens, en priſmes tétrahèdres, terminés par des pyramides à quatre pans.

(c) Le ſeul mélange de l'acide nitreux fumant, avec l'eau, ſuffit pour produire cette couleur.

Les acides n'ont point d'action sur ce sel neutre arsenical ; mais si on l'expose au feu dans un creuset, l'arsenic se dissipe en vapeurs.

De toutes les substances métalliques, l'arsenic est la seule qui répande une odeur d'ail, lorsqu'on l'expose au feu ; ce qui le fait aisément reconnoître. Il y a des pays où l'on a soin de mêler de la chaux d'arsenic avec les grains qu'on doit semer, parce qu'on croit ce moyen propre à les défendre des insectes, mais comme la chaux d'arsenic est insipide, il est ordonné par les loix, de n'en vendre qu'après l'avoir mêlée avec de l'alun.

Les teinturiers font entrer de la chaux d'arsenic dans leur brevet pour la teinture en noir ; cette même chaux d'arsenic est en usage dans quelques verreries, pour purifier le verre.

PREMIÈRE ESPÈCE.

Arsenic vierge, ou *Régule d'arsenic natif.*

L'arsenic natif, lequel ne diffère en rien du régule d'arsenic artificiel, se trouve dans la terre sous différentes formes ; tantôt il est en feuillets ou en écailles, qui n'ont que très-peu de cohérence entre elles ; tantôt il est solide & compacte, sans apparence de forme régulière, quoique souvent mamelonnée : il est dans sa fracture récente, brillant comme l'acier ; mais il se ternit bientôt à l'air, & y prend une couleur noire ; il n'est point assez dur pour faire feu avec le briquet, & on le reconnoît facilement à la fumée qu'il répand, & à son odeur d'ail lorsqu'on en met sur des charbons ardens.

On donne au régule d'arsenic solide, le nom d'*arsenic testacé*, lorsqu'il est formé de couches concentriques, à peu-près comme celles qui composent un oignon.

Le régule d'arsenic natif, est pour l'ordinaire pur & sans mélange ; alors quand on le distille dans une cornue au fourneau de reverbère, il se sublime en entier sans laisser de résidu ; mais s'il contient du fer & du cobalt, ces substances métalliques restent au fond de la cornue.

DEUXIÈME ESPÈCE.

Pyrite arsenicale cubique, Mispickel, Mundic.

Cette mine d'arsenic qu'on nomme aussi *pyrite blanche*, ne s'altère pas sensiblement à l'air, & rend beaucoup d'étincelles lorsqu'on fa frappe avec le briquet : fa couleur eft à peu-près femblable à celle de l'étain ; fa forme eft pour l'ordinaire en cubes rhombéaux ou rhomboïdaux , qui , prefque toujours , font groupés. J'en ai vu de criftallifée en prifmes tétrahèdres , terminés par des pyramides di-hèdres.

On trouve auffi la pyrite arfenicale en maffes irrégulières , mais quelle que foit la forme de ce minéral , il eft ordinairement compofé de régule d'arfenic , de fer & de foufre.

Celles dont j'ai fait l'effai , contenoient par quintal ,

Arfenic	55 livres.
Soufre	15.
Fer	30.
TOTAL . . .	100.

TROISIÈME ESPÈCE.

Pyrite arfenicale à facettes hexagones, brillantes & fpéculaires, d'Allemont en Dauphiné.

Cette mine d'arfenic , plus blanche & plus brillante que la précédente , en diffère d'ailleurs , en ce qu'elle ne contient point de foufre , & en ce qu'on y trouve du cobalt & du bifmuth.

E iv

Elle se fond auſſi promptement au feu que du plomb, & reſſemble alors à de l'argent en fuſion : il en ſort par exploſions ſucceſſives une fumée blanche arſenicale, & ce qui reſte ſur le teſt, après une longue torréfaction, eſt une maſſe brunâtre, ſouple, molle, tenace comme de la cire ; mais qui en ſe refroidiſſant prend de la ſolidité, & n'eſt plus qu'une maſſe vitreuſe, brune & fragile. *Voyez mes Mémoires de Chimie, page* 102.

Ayant réduit avec du flux noir ce réſidu, j'en ai obtenu un régule gris peu ductile ; les ſcories étoient jaunes & opaques ; ce régule un peu attirable à l'aimant, ayant été coupellé, a bien paſſé, & n'a laiſſé ſur la coupelle qu'un cercle brunâtre & de relief.

Par les derniers eſſais que j'ai faits de ce minéral d'Allemont, j'ai trouvé qu'il contenoit par quintal :

Arſenic	69 livres.
Fer	20.
Cobalt	5.
Biſmuth	6.
TOTAL	100.

La pyrite arſenicale de Guadalcanal en Eſpagne, outre le fer & le cobalt, contient depuis huit jusqu'à seize marcs d'argent par quintal.

Celle de Nagyag en Transylvanie, contient de l'arsenic, du fer & de l'or.

QUATRIÈME ESPÈCE.

Chaux blanche d'arsenic native.

On rencontre cet arsenic en chaux, sous la forme d'une efflorescence blanche à la surface & dans les cavités de certaines mines, ainsi que l'a remarqué M. Romé de l'Isle, dans sa *Description des Minéraux*, page *272*. « Peut-être, ajoute-t-il, cette chaux provient-elle « souvent de la décomposition des mines d'ar- « gent rouges lorsquelles passent à l'état de « mine d'argent vitreuse. » Ce qui me paroît en effet très-vraisemblable.

On trouve de la chaux blanche d'arsenic sur la mine d'or arsenicale de Nagyag en Transylvanie.

CINQUIÈME ESPÈCE.

Verre d'arsenic natif.

On le rencontre en cristaux blancs, transparens & triangulaires dans quelques éruptions de volcans, & dans des mines de cobalt grifes ; ce verre d'arfenic ne s'altère point à l'air , comme celui qu'on prépare artificiellement.

SIXIÈME ESPÈCE.

Verre d'arfenic combiné avec le Soufre ; Orpin, Orpiment, Réalgar.

L'orpiment fe trouve en maffes lamelleufes , d'un beau jaune luifant tirant fur la couleur de l'or ; les feuillets opaques & quelquefois tranfparens, dont il eft compofé, ont été pris par quelques-uns , pour du mica ; mais l'orpin quand il eft pur , ne contient exactement que du foufre & de l'arfenic , & fi on le diftille dans une cornue, il fe fublime en entier fans laiffer de réfidu : quelquefois néanmoins on le trouve mêlé avec différentes terres qui altèrent fa couleur jaune , auffi en voit-on d'un jaune verdâtre, & d'autre qui tire fur le grifâtre.

On rencontre fouvent dans les morceaux d'orpiment , des criftaux de réalgar du plus beau rouge ; le réalgar, comme l'on fait, ne diffère de l'orpiment, qu'en ce que l'arfenic y eft combiné avec une plus grande quantité de foufre *(d)*.

____

(d) Dix parties de chaux d'arfenic étant fublimées avec

Il y a du réalgar opaque, & d'autre qui est transparent ; on en trouve des masses informes ou cristallisées dans les bouches de certains volcans *(e)* ; celui qu'on rencontre à la Solfatare, déposé sur du sel ammoniac, est en petits cristaux rouges comme des rubis, formés d'un prisme hexahèdre comprimé, terminé par deux pyramides dihèdres, dont les plans sont pentagones.

Ces cristaux sont connus sous le nom de *rubine d'arsenic.*

Les Chinois font des pagodes & des vases avec le réalgar opaque.

L'orpin & le réalgar sont employés dans la peinture ; mais s'ils sont moins dangereux que l'arsenic, ils ne sont guère moins à craindre.

Cobalt.

M. Brandt a le premier fait connoître en

---

une partie de soufre, forment l'*orpiment*, tandis qu'il faut sublimer dix parties de chaux d'arsenic, avec deux parties de soufre pour avoir le réalgar.

(e) J'ai une sublimation arsénicale de l'Etna, qui renferme ce demi-métal dans trois états différens ; une partie est cristallisée en octaèdres, dont les uns noirs & opaques, sont à l'état métallique, tandis que les autres blancs & transparens, sont à l'état salin ou de verre d'arsenic ; le reste est sous forme de réalgar transparent & cristallisé.

1735, que la terre qui avoit la propriété de colorer le verre en bleu, étoit la chaux d'un demi-métal particulier, & non le produit de diverses substances métalliques & arsénicales ; auxquelles on avoit jusqu'alors indistinctement donné le nom de *cobalt*. Plusieurs Minéralogistes ont encore avancé depuis, que c'étoit un mélange de différentes substances métalliques *(f)*. Henckel croyoit que le cobalt tiroit en partie son origine d'une terre métallique de nature cuivreuse ; mais dont on ne pouvoit tirer de régule *(g)*. On connoît aujourd'hui le régule de cobalt, c'est un demi-métal d'un gris cendré, compacte & fragile, lequel se fond difficilement, n'est point volatil, résiste à la coupelle, & ne s'amalgame point avec le mercure.

La chaux de cobalt est rougeâtre ; mais fondue avec du verre blanc, elle lui donne une belle couleur bleue ; il n'y a que la chaux

---

(f) Jusli negat cobaltum esse proprium metallum sed arsenici speciem ; vitrum cæruleum a ferro ortum judicat ; regulum a ferro, cupro, plumbo, wismutho, arsenico, productum credit. Linn. Syst. Nat. edit. XII, pag. 129.

(g) Voyez sa Pyritologie, *page 200* de la Traduction Françoise.

de ce demi-métal qui ait la propriété de colorer ainsi le verre.

Les expériences que j'ai faites sur le cobalt, m'ont mis à portée de connoître qu'il se trouvoit rarement pur dans ses mines ; qu'il y étoit souvent mêlé avec le fer, l'argent, le cuivre, le bismuth & le zinc. Le bismuth & l'argent se séparent ordinairement du cobalt, durant sa réduction ; selon la pesanteur spécifique de ces substances métalliques, elles se trouvent placées, soit à côté, soit au-dessous du culot de cobalt ; si le bismuth s'y rencontre, il occupe, après la réduction, le fond du creuset immédiatement sous le cobalt : mais si c'est l'argent, le culot de ce demi-métal se trouve être à côté de celui du cobalt ; d'où l'on voit que la pesanteur spécifique de ces deux substances métalliques est à peu-près égale.

Le fer reste si fortement uni avec le cobalt, qu'on ne peut l'en séparer que par des sublimations réitérées avec le sel ammoniac, ainsi que je l'ai fait connoître dans mes *Mémoires de Chimie, page 105 & suivantes.*

Les mines de cobalt varient par leurs couleurs, suivant la nature des minéralisateurs qui s'y rencontrent : c'est tantôt l'arsenic ou le foufre, tantôt l'acide marin ou l'acide vitriolique qui minéralifent ce demi-métal.

Lorfque le cobalt eft minéralifé par l'arfenic, fa couleur eft d'un gris blanchâtre, & il n'effleurit prefque point à l'air; lorfqu'il eft minéralifé par le foufre, fa couleur eft grifâtre, & fon efflorefcence eft d'un rouge pâle, ou de la couleur des fleurs de pêcher; cette couleur eft dûe, foit à l'acide vitriolique, foit à l'acide marin combinés avec le cobalt; celle qui réfulte de la combinaifon de ce demi-métal avec l'acide vitriolique, ne change point au feu *(h)*; tandis que celle qui réfulte de fa combinaifon avec l'acide marin, devient verte au même degré de feu. Il n'y a rien d'auffi varié que les couleurs que l'acide marin communique au cobalt; le vert, le noir, le pourpre & le violet ou lilas, font celles qu'on y remarque d'ordinaire. J'ai reconnu par une fuite d'expériences comparées, que les différentes couleurs de cette combinaifon faline dépendoient de la concentration de l'acide; ce fel métallique eft de couleur verte, fi l'acide eft très-concentré; il eft noir, lorfque l'acide eft moins concentré:

(h) C'eft-à-dire, à un degré de chaleur propre à faire paroître verte l'encre de cobalt.

il est enfin violet ou lilas, si l'acide est étendu d'une plus grande quantité d'eau.

Pour séparer des mines de cobalt, l'arsenic qui s'y rencontre, on les calcine dans un fourneau qui a pour cheminée une galerie horizontale faite en bois, & à laquelle on donne depuis cent pieds, jusqu'à cent toises de longueur ; sa hauteur est de cinq ou six pieds, & sa largeur d'environ trois pieds ; malgré la longueur de ce canal, il sort encore beaucoup de fumée blanche & arsenicale par la petite cheminée perpendiculaire qui termine la galerie ; le cobalt calciné reste sur le sol du fourneau, on le mêle avec des cailloux pulvérisés, ou avec du sablon lavé, & on le vend ainsi dans le commerce sous le nom de *saffre (i).* Si ce mélange a été fondu avec de l'alkali fixe, on obtient un émail bleu qu'on vend sous les noms de *smalth*, d'*azur à poudrer*, de *bleu d'émail.* C'est improprement qu'on lui a donné les noms d'*azur du premier*, *du second*, *du troisième feu, &c.* Puisque la division de cet émail n'est pas dûe au feu, mais au moulin dont on se

---

(i) *Saffre*, du mot Italien *zaffiro*, qui signifie *saphir*, parce que la chaux de cobalt étant fondue avec du verre blanc, lui communique une couleur bleue semblable à celle du saphir.

fert pour le pulvérifer ; pour l'obtenir en poudre impalpable ont le met dans des tonneaux remplis d'eau, qu'on agite avec des efpèces de mouf-foirs ; les parties de l'émail reftent plus ou moins fufpendues, felon l'état de divifion où elles fe trouvent, & comme on a eu foin de mettre au tonneau des robinets placés à différentes hauteurs pour foutirer l'eau chargée de ces molécules d'émail, il en réfulte que, fuivant l'agitation donnée à l'eau, & le temps qu'on l'a laiffé repofer, l'émail du premier robinet, c'eft-à-dire, du robinet fupérieur, eft plus divifé *(k)* que celui du fecond, celui-ci plus que le troifième, &c.

L'intenfité de la couleur de l'émail bleu pulvérifé, eft relative à la groffeur de fes molécules ; celles qui font les plus fines femblent moins colorées, ce qui vient de ce qu'elles abforbent les rayons de la lumière, tandis que le même émail, moins divifé, paroît d'un bleu plus foncé, parce qu'il réfléchit la lumière au lieu de l'abforber.

Lorfqu'on prépare en grand le fmalth, on trouve au fond des pots ou creufets, une portion

---

(k) C'eft celui qu'on défigne fous le nom d'*azur du premier feu*, &c.

de régule métallique qui ne s'est point vitrifiée, & à laquelle on a donné le nom de *speiss (l)*; ce n'est souvent que du régule de cobalt pur; quelquefois il contient du cuivre, de l'argent & du fer; quelquefois aussi du bismuth.

On peut réduire la chaux de cobalt en la fondant à travers la poudre de charbon, mais on obtient un culot mieux formé lorsqu'on fond cette chaux avec trois parties de verre blanc fusible *(m)*, dans lequel on a mis douze grains de poudre de charbon par quintal fictif de chaux de cobalt; j'ai reconnu qu'en employant du flux noir pour opérer cette réduction, on retiroit beaucoup moins de régule de cobalt. Le mot *kobolt* signifie proprement chez les Allemands, un *esprit follet*, un être nuisible & malfaisant, que la simplicité des Mineurs accuse de tourmenter les ouvriers dans leurs souterreins; cependant comme la substance métallique, que

---

(l) Ce mot, qui, en Allemand, signifie *masse, portion*, n'équivaudroit-il pas à *metallum spurium*, métal dont on ne connoît pas l'origine! En effet, les Fondeurs allemands ont appliqué ce nom à divers mélanges métalliques. *Voy.* Henckel, *Pyritologie, page 242 de la Traduction Françoise.*

(m) Je nomme *verre fusible*, du verre blanc qui ne contient point de plomb, & auquel j'ajoute un neuvième de verre de borax.

nous nommons aujourd'hui *cobalt*, n'eſt nullement dangereuſe *(n)* à l'état de régule, lorſqu'elle ne contient, ni cuivre, ni biſmuth;
on pourroit croire que c'eſt à la qualité mal-
faiſante de l'arſenic, qui preſque toujours accompagne les mines de cobalt, que ce dernier
doit ſon nom; mais dans le vrai, ce nom vient
de l'eſpèce d'obſtination avec laquelle cette
ſubſtance métallique ſembloit ſe ſouſtraire à
tous les efforts que l'on faiſoit alors pour en
obtenir le régule.

Il y a très-peu de mines de cobalt qui ſoient
exemptes de fer : comme la plus grande partie
de ce métal ſe trouve dans le régule qu'on
obtient par la réduction de la mine de cobalt,
j'ai reconnu que, pour l'en ſéparer, le moyen
le plus ſûr étoit de diſtiller le régule de cobalt
avec deux parties de ſel ammoniac, & de réitérer
les diſtillations avec du ſel ammoniac, juſqu'à
ce que ce ſel eût commencé à prendre, dans
ſa ſublimation, une teinte d'un vert clair,
couleur qui eſt ici dûe à une petite portion

(n) J'ai fait prendre à des chiens de la fleur de cobalt &
du régule de ce demi-métal, ſans qu'ils m'aient paru en être
incommodés, quoiqu'ils en euſſent avalé une vingtaine de
grains à la fois.

de cobalt combiné avec l'acide marin du fel
ammoniac.

Le fel ammoniac des premières fublimations
eft jaune, & doit fa couleur à du fer ; il fe
fublime auffi quelquefois du bifmuth fous forme
de criftaux blancs feuilletés déliquefcens , qui
font un *beurre de bifmuth*, c'eft-à-dire, de l'acide
marin concentré combiné avec le bifmuth ; il
faut fouvent cinq ou fix fublimations avec le
fel ammoniac, pour enlever au cobalt tout le
fer & le bifmuth qu'il contient , & alors on
trouve au fond de la cornue le cobalt uni à
l'acide marin fous la forme d'une maffe noirâtre
& chatoyante , qui devient violette à l'air &
enfuite lilas.

Toutes les expériences dont je vais rendre
compte , ont été faites avec du régule de cobalt
dépouillé de fer par plufieurs fublimations avec
le fel ammoniac ; s'il fe trouve donc quelques
différences entre mes expériences & celles de
M. Beaumé fur la même fubftance , elles ne
viennent fans doute que du différent degré de
pureté du régule de cobalt fur lequel nous avons
opéré.

Le régule de cobalt eft foluble dans tous les
acides minéraux avec lefquels il forme des fels

neutres qui diffèrent à raison de l'acide qu'on a employé pour sa dissolution.

Le vitriol de cobalt se fait en distillant du régule de ce demi-métal avec quatre parties d'huile de vitriol ; l'acide vitriolique qui passe dans le récipient est sulfureux : il reste au fond de la cornue une masse couleur de rose, qui, après avoir été exposée quelque temps à l'air, prend une couleur verdâtre mêlée de lilas ; ayant dissous ce vitriol de cobalt dans de l'eau distillée, cette dissolution a pris une couleur rougeâtre ; après avoir été rapprochée, elle est devenu du plus beau bleu ; elle m'a fourni, par l'évaporation insensible, de gros cristaux rougeâtres de vitriol de cobalt en prismes tétrahèdres rhomboïdaux, terminés par un sommet dihèdre à plans rhombéaux ; ces cristaux perdent leur demi-transparence à l'air où ils effleurissent, & prennent une couleur lilas-pâle.

L'eau-mère de ces cristaux de vitriol est d'un bleu foncé.

L'acide nitreux dissout le régule de cobalt avec une effervescence prodigieuse, durant laquelle il se dégage beaucoup de vapeurs rutilantes ; cette dissolution donne par l'évaporation un nitre de cobalt rougeâtre & très - déliquescent.

Ayant mis du tartre lumineux *(o)* dans une diſſolution de nitre cobaltique, elle eſt devenue du plus beau bleu, & a produit des criſtaux de même couleur qui n'étoient point déliqueſ-cens, cette couleur mérite d'autant plus d'être remarquée, qu'ici comme dans le verre bleu, elle paroît être le réſultat de la combinaiſon de l'acide phoſphorique avec la terre métallique du cobalt.

Il faut que l'acide marin ſoit très-concentré pour qu'il puiſſe porter ſon action ſur le cobalt ; on y parvient aiſément en diſtillant deux parties de ſel ammoniac, avec une de régule de cobalt, car alors l'alkali volatil ſe dégage, & l'on trouve au fond de la cornue une maſſe compoſée de l'acide marin du ſel ammoniac combiné avec le cobalt *(p)* ; l'alkali volatil qui s'eſt dégagé dans cette diſtillation, ne fait point efferveſcence avec les acides.

(o) Je déſigne ſous ce nom un ſel formé par la combinaiſon de l'acide de la matière lumineuſe du phoſphore avec l'alkali fixe.

(p) Si l'on diſtille une partie de ce réſidu noir avec deux parties d'huile de vitriol, l'acide marin ſe ſépare du cobalt : la maſſe couleur de roſe qui reſte au fond de la cornue, eſt un vitriol de cobalt calciné, dont la diſſolution produit les mêmes criſtaux que le vitriol de cobalt, dont j'ai parlé ci-deſſus.

La maſſe ſaline noire ſe diſſout aiſément dans l'eau, & lui donne une couleur pourpre; ſi l'on rapproche cette diſſolution, elle paroît bleue, & produit, par l'évaporation inſenſible, des criſtaux déliqueſcens, dont la couleur eſt celle du rubis, & la forme, un priſme tétrahèdre rhomboïdal, terminé par une pyramide dihèdre à plans rhombéaux.

L'eau régale diſſout avec efferveſcence le régule de cobalt; cette diſſolution eſt d'un pourpre foncé, étendue d'eau elle prend une couleur lilas; dans cet état, ſi on l'emploie pour tracer des caractères ſur du papier *(q)*, ils ſont d'abord inviſibles; mais en chauffant ce papier, les caractères paroiſſent d'un vert céladon; le papier refroidi, les traits diſparoiſſent, chauffés, ils reprennent leur couleur verte, qui diſparoît de nouveau par le refroidiſſement; ces effets qu'on peut réitérer à volonté lorſqu'on n'a point expoſé le papier à un degré de chaleur trop conſidérable, viennent de ce que le ſel de cobalt, étant privé de l'eau de ſa criſtalliſation, prend une couleur verte, & redevient lilas, à meſure qu'il s'empare de l'humidité de l'air.

(q) Cette diſſolution de cobalt par l'eau régale, eſt connue ſous le nom d'*encre de ſympathie de M. Hellot.*

Par le moyen des alkalis fixe ou volatil, le cobalt peut être séparé des acides qui le tiennent en diſſolution ; il ſe fait alors un précipité couleur de roſe-pâle.

PREMIÈRE ESPÈCE.

Mine de Cobalt arſenicale & ſulfureuſe, en criſtaux ſpéculaires.

Cette mine, dont la couleur eſt griſe, ſe trouve en criſtaux ſolitaires à dix-huit facettes, formés par un cube dont les bords ſont tronqués ; elle n'effleurit point à l'air, & ne s'eſt trouvée juſqu'à préſent, qu'à Tunaberg en Sudermanie ; quelquefois elle renferme de la pyrite cuivreuſe.

J'ai reconnu, par l'analyſe de cette mine, qu'elle contenoit au quintal :

Arſenic............	55 livres.
Soufre	8.
Fer *(r)*	2.
Cobalt............	35.
TOTAL	100.

Le réſidu de la calcination de la mine de

(r) Je me ſuis aſſuré de la préſence du fer dans le cobalt de Tunaberg, en diſtillant la chaux de cette mine avec du ſel ammoniac.

cobalt de Tunaberg , eſt d'un rouge-brun : une partie de cette chaux fondue avec neuf cents parties de verre blanc , donne à ce dernier une couleur bleu-céleſte, d'où l'on peut conclure que le principe colorant du cobalt eſt ſuſceptible d'une extenſibilité prodigieuſe.

Ayant mis de la chaux de cette eſpèce de mine en digeſtion dans l'alkali volatil *(ſ)*, elle s'y eſt diſſoute, & l'alkali volatil a pris une très-belle couleur pourpre, qui ſe conſerve dans les vaiſſeaux fermés.

DEUXIÈME ESPÈCE.

Mine de Cobalt arſenicale d'un gris-cendré.

Cette eſpèce eſt d'un gris plus ou moins foncé, & plus arſenicale que la précédente : elle eſt quelquefois couverte d'une effloreſcence lilas tendre, & contient par quintal,

> Arſenic . . . . 69 livres.
> Cobalt . . . . 30.
> Fer . . . . 1.
> TOTAL . . . . . 100.

La mine de cobalt de la vallée de Giſton,

(ſ) L'alkali volatil que j'emploie, eſt de l'eau diſtillée, ſoûlée à froid d'alkali volatil concret.

limitrophe de la Bigorre, montagne de Saint-Juan en terre Espagnole, est de cette espèce; on y trouve quelquefois du verre d'arsenic jaunâtre.

Il y a des mines de cobalt arsenicales qui contiennent beaucoup de bismuth; ces dernières ne sont pas également propres à produire un beau smalth.

J'ai retiré, par la distillation des mines de cobalt arsenicales, une partie de l'arsenic qu'elles contenoient; cet arsenic tapissoit les parois intérieures du col de la cornue, & s'y trouvoit sous forme de régule; j'ai remarqué que sa couleur ne s'altéroit pas aussi promptement à l'air, que celle du régule d'arsenic ordinaire.

TROISIÈME ESPÈCE.

Mine de Cobalt arsenicale d'un gris-rougeâtre, Kupfernickel (t).

Cette mine singulière contient toujours

(t) « C'est mal-à-propos & par ignorance, dit Wallerius, que ce minéral a été nommé *cuprum Nicolai* en latin : on a cru apparemment que *Nickel* signifioit la même chose que *Nicolas*, mais c'est une méprise : *Kupfernickel* dans le cas dont il s'agit, ne signifie autre chose que *cuivre faux*, *pseudo-cuprum vel minera cupri spuria*, Minéralogie, tome I, page 413. »

essentiellement de l'arsenic , du cobalt , du fer & du cuivre ; souvent même de l'or ou de l'argent ; quelquefois elle est mêlée de pyrites martiales ; mais elle varie sur-tout par la proportion des diverses matières qui la composent ; de-là viennent aussi les différentes nuances qu'on observe, tant dans la couleur d'un gris rougeâtre que présente sa fracture , que dans l'efflorescence verte qui se montre à sa surface. Cronstedt *(u)*, a regardé le régule qu'on obtient de cette mine, comme un demi-métal particulier qu'il a désigné sous le nom de *nickel : niccolum.*

Woltersdorf, dans sa Minéralogie, *page 28*, qualifie le kupfernickel de faux cobalt, *pseudo-cobaltum ;* mais les expériences suivantes ne me permettent d'adhérer ni à l'un ni à l'autre de ces sentimens.

Lorsqu'on calcine du kupfernickel , si l'on ne remue pas ce qui est dans le test, la chaux verte qu'on obtient est parsemée de taches lilas , & sa surface paroît composée de tubes évasés en entonnoir , comme certaines espèces de *lichen :* durant cette opération, l'arsenic seul se dissipe , dans la proportion d'environ cin-

---

(u) Cet Auteur définit ainsi la mine dont il s'agit; *Niccolum ferro & cobalto , arsenicatis & sulphuratis mineralsatum , cuprum nicoli. Kupfernickel,* Syst. Miner. §. CCLVI.

quante livres par quintal ; fi cette mine ne paroît diminuer par la calcination , que de vingt-neuf à trente livres par quintal , c'eſt qu'il faut avoir égard à l'augmentation en peſanteur abſolue qu'acquièrent , en paſſant à l'état de chaux , les ſubſtances métalliques que contient le kupfernickel : on aura alors l'exacte quantité d'arſenic contenue dans cette mine , & qui s'eſt diſſipée par la calcination.

La réduction de la chaux de kupfernickel eſt une nouvelle preuve de ce que j'avance , puiſqu'on ne retire guère plus de cinquante livres de régule par quintal de mine ; cette réduction peut ſe faire à l'aide du flux noir auquel on ajoute douze grains de poudre de charbon par once ; trois parties de flux noir contre une de kupfernickel calciné , me produiſent ordinairement des régules criſtalliſés à leur ſurface *(x)*, ſoit en petits feuillets qui paroiſſent hexagones , ſoit en ſtries entrelaſſées & comme nattées.

Le régule de kupfernickel eſt de couleur griſe un peu rougeâtre : il eſt ſoluble dans tous les acides minéraux avec leſquels il forme des ſels déliqueſcens , dont la plupart ſont ſuſceptibles de criſtalliſer.

(x) Les ſcories ſont bleues , lorſqu'au lieu d'un flux ſalin , on emploie un flux vitreux pour la réduction.

Le vitriol de kupfernickel *(y)* eſt en criſtaux feuilletés d'une belle couleur verte ſemblable à celle de l'émeraude.

Le nitre de kupfernickel a la même couleur verte, mais il criſtalliſe en cubes rhombéaux.

La ſolution de kupfernickel par l'acide marin, ne m'a produit, par l'évaporation, qu'une maſſe ſaline verte très-déliqueſcente.

Lorſqu'après avoir diſſous le régule de kupfernickel, par l'un des trois acides minéraux, on verſe ſur cette diſſolution de l'alkali fixe, il ſe fait un précipité verdâtre ; l'alkali volatil diſſout ce précipité ſans efferveſcence, & la diſſolution prend alors une belle couleur bleue ; ce qui fait connoître que ce régule contient du cuivre ; la chaux verte que le kupfernickel montre à ſa ſurface, & la couleur verte qu'il donne au verre blanc avec lequel on l'a fondu, démontrent encore la préſence du cuivre dans ce mixte métallique *(z)*.

____

(y) Pour opérer la diſſolution du régule de kupfernickel, par l'acide vitriolique, il faut diſtiller ce régule avec quatre parties d'huile de vitriol ; il paſſe de l'acide vitriolique ſulfureux, le réſidu de la diſtillation eſt griſâtre, & la diſſolution de ce réſidu dans l'eau diſtillée prend la plus belle couleur verte.

(z) Dans une Diſſertation chimique ſur le nickel, ſoutenue par M. Arvidſſon, ſous la Préſidence de M. Bergmann en Suède ; on prétend que ces couleurs verte & bleue, n'indi-

Quant au fer & au cobalt qui sont aussi principes du kupfernickel, on reconnoît leur présence, en distillant deux parties de sel ammoniac avec une partie de kupfernickel calciné; le sel ammoniac enlève le fer, & prend une couleur jaune; après cette sublimation qui doit être répétée plusieurs fois, si l'on veut séparer entièrement le cobalt du fer auquel il est uni, l'on trouve au fond de la cornue une masse poreuse, composée de deux couches de couleur différente : la couche supérieure est feuilletée, & d'un jaune brillant comme l'*aurum musivum* : l'inférieure est noire, & poreuse; cette dernière est composée de cobalt & d'acide marin, j'en ai fondu avec du borax, & j'ai obtenu un très-beau verre bleu *(a)*, tandis que la couche

____

quent point ici la présence du cuivre, & qu'elles sont propres au nickel comme au cuivre; mais ces Auteurs, après avoir dit que le cobalt n'appartenoit point à l'essence du nickel, ne nous apprennent autre chose sur la nature de ce dernier, sinon qu'on doit croire, par une foule de raisons assez solides, que le nickel est, ainsi que le cobalt & la pierre d'aimant, une simple modification du fer. *Journal de Physique, mois d'Octobre 1776, page 293.*

(a) On voit par la Dissertation de M. Arvidson, déjà citée, qu'il a répété mes expériences; mais si nos résultats ne sont pas semblables, cela vient sans doute, de la différence des kupfernickel sur lesquels nous avons opéré. Je suis d'autant

jaune fondue auſſi avec du borax, lui communique une couleur verte. *Voyez mes Mémoires
de Chimie, page 123.*

Pour déterminer ſi le kupfernickel contient
de l'or, il faut en diſſoudre le régule dans de
l'acide nitreux précipité, & coupeller la poudre
qui reſte au fond du vaſe, le grain qu'on trouve
ſur la coupelle eſt gris, & contient de l'or &
du cobalt.

QUATRIÈME ESPÈCE.

Mine de Cobalt ſulfureuſe.

Cette mine, qui reſſemble dans ſa fracture
à la mine d'argent griſe, contient quelquefois
de la mine de cobalt rouge en criſtaux tranſparens; ſa ſurface eſt ſouvent recouverte d'une
effloreſcence lilas & jaune verdâtre; c'eſt du
vitriol de cobalt mêlé d'un peu de fer qui
produit cette dernière couleur.

La mine de cobalt ſulfureuſe perd dans la

---

plus porté à le croire, que ce Chimiſte n'ayant point trouvé
d'or dans les régules de nickel qu'il a analyſés, en conclud
que ce métal ne s'y rencontre preſque jamais; tandis que
dans les Eſſais que j'ai faits des kupfernickels de Biber en
Heſſe, & d'Allemont en Dauphiné; j'ai reconnu que l'or s'y
trouvoit depuis dix gros juſqu'à cinq onces par quintal.

torréfaction, vingt - cinq livres de son poids par quintal de mine. Le résidu de ce grillage étant fondu avec six parties de flux vitreux, produit au quintal trente-six livres de régule de cobalt martial, dont j'ai retiré par la coupellation avec huit parties de plomb, une once & demie d'argent par quintal de régule.

CINQUIÈME ESPÈCE.

Mine de Cobalt rouge transparente & cristallisée ; Cobalt minéralisé par l'acide marin.

C'est une mine de cobalt à l'état salin, dont les cristaux, d'une belle couleur rouge, transparente, semblable à celle du rubis, sont composés de cobalt & d'acide marin : ils forment, tantôt des prismes à quatre pans terminés par deux pyramides dihèdres à plans trapézoïdaux ; tantôt ils sont disposés en mamelons, qui dans leur fracture, paroissent striés du centre à la circonférence ; ce qui leur fait alors donner le nom de fleurs de cobalt étoilées ; cette mine perd souvent sa transparence à l'air, elle y effleurit, & donne naissance aux *fleurs de cobalt granuleuses* ; de même qu'aux fleurs lilas superficielles qu'on trouve à la surface de la plupart des mines de cobalt sulfureuses & arsenicales.

La mine de cobalt rouge cristallisée, décrépite lorsqu'on l'expose au feu ; elle y devient noirâtre, & fournit au verre blanc, avec laquelle on la fond, la plus belle couleur bleue : cette espèce est parmi les mines de cobalt, la plus pure que je connoisse.

SIXIÈME ESPÈCE.

Mine de Cobalt noire, ou semblable à des Scories.

Cette mine est tantôt compacte, solide & brillante, tantôt cellulaire, spongieuse, friable & noircissant les doigts comme de la suie ; le cobalt qu'elle contient, doit sa couleur noire à l'acide marin concentré, avec lequel il est uni ; aussi prend-elle à sa surface une teinte violette, & souvent lilas lorsqu'elle s'est chargée de l'humidité de l'air. Le résidu de la distillation de deux parties de sel ammoniac, & d'une partie de régule de cobalt purifié, m'a paru absolument semblable à la mine de cobalt noire ; comme elle, il attire l'humidité de l'air, y devient violet, & ensuite lilas : c'est donc une mine de cobalt artificielle, qui dans son genre, est à la mine noire dont il s'agit, ce que la

lune

lune cornée artificielle eſt à la mine d'argent cornée.

La mine de cobalt noire, n'eſt pas toujours également riche dans ſon produit; car il s'en trouve qui, par la réduction, ne donne qu'une très-petite quantité de régule, ce qui provient de ce que ce demi-métal eſt alors mêlé avec d'autres terres; mais quand la mine de cobalt noire ſe couvre d'une effloreſcence violette ou lilas, on peut en conclure qu'elle eſt très-riche en métal.

Pour extraire l'acide marin de la mine de cobalt rouge ou noire, il ſuffit de la diſtiller dans une cornue de verre au fourneau de ré-verbère, & d'adapter à la cornue un récipient enduit avec de l'huile de tartre; l'acide marin volatil *(c)* qui ſe dégage alors, s'unit à l'alkali fixe, & douze heures après cette opération, on trouve des criſtaux cubiques & parallélipi-pèdes ſur les parois du récipient; ce qui reſte

---

(c) La plupart des ſubſtances métalliques minéraliſées par l'acide marin, étant ſoumiſes à la diſtillation ſans intermède, ne produiſent que de l'acide marin volatil, par la modification que reçoit l'acide marin en ſe combinant avec la matière graſſe qui exiſte en plus ou moins grande quantité dans tous les ſels métalliques naturels. *Voyez mes Mémoires de Chimie, page 92 & ſuiv.*

Tome II.   G

au fond de la cornue, est le cobalt dépouillé d'une partie de l'acide marin qu'il contenoit.

SEPTIÈME ESPÈCE.
Mine de Cobalt verte.

L'acide marin concentré, donne au cobalt, non-seulement la couleur noire, ainsi qu'on l'a vu dans l'espèce précédente ; mais encore la couleur verte, comme le prouve l'expérience de l'encre de sympathie de M. Hellot. Je crois avoir démontré ce fait par des observations dont j'ai déjà rendu compte dans mes *Mémoires de Chimie, page 105 & suivantes.*

Dans la distillation du régule de cobalt pur avec le sel ammoniac, ce sel enlève en se sublimant un peu de cobalt, lequel lui donne une couleur vert-pomme.

L'émeraude & la chrysoprase doivent leur couleur verte au cobalt qu'elles contiennent ; une partie de chrysoprase fondue avec deux parties de verre de borax, m'a produit une masse vitreuse d'un beau bleu.

Il se trouve aussi quelques jaspes verts qui doivent cette couleur au cobalt.

J'ai dans mon Cabinet un morceau de mine de cobalt verte, solide, entre-mêlée de mine de cobalt noire.

HUITIÈME ESPÈCE.

Vitriol de Cobalt natif en efflorescence.

L'acide vitriolique se trouve quelquefois combiné par la Nature avec le cobalt, & forme avec ce demi-métal, un vitriol verdâtre, souvent mêlé de rouge-grisâtre ; cette mine poreuse est à l'état salin, mais insoluble dans l'eau ; le vitriol de cobalt artificiel étant exposé à l'air, y éprouve une altération qui lui donne les mêmes couleurs qu'on observe dans le vitriol natif de cobalt.

Bismuth, Étain de glace.

Le bismuth est un demi-métal d'un blanc jaunâtre, lequel paroît composé de feuillets posés les uns sur les autres ; il se réduit facilement en poudre, & c'est après l'étain, la plus fusible de toutes les substances métalliques ; M. Lewis a remarqué que le bismuth étoit propre à accélérer la fusibilité de quelques métaux, comme on peut le voir par la Table suivante, où les degrés de feu sont tels que les présente un thermomètre de mercure *(d)*.

(d) Gradué suivant M. de Reaumur.

à...268 degrés, le Mercure bout,

240.......le Plomb ⎫
202.......le Bismuth ⎬ fondent.
178.......l'Étain ⎭

169....... { huit parties d'Étain & une
             de Bismuth fondent.

141....... { deux parties d'Étain & une
             de Bismuth fondent.
             trois parties d'Étain & deux de
             Plomb fondent au même degré.

118....... { parties égales d'Étain & de
             Bismuth fondent.

85........ l'eau bout.

81....... { deux parties de Bismuth, une de
            Plomb & une d'Étain fondent.

La chaleur nécessaire pour fondre le dernier de ces mélanges métalliques, est, comme l'on voit, de quatre degrés moins forte que celle qu'exige l'eau pour bouillir ; en sorte qu'un tel mélange métallique plongé dans l'eau bouillante, y fond presque aussitôt, sur-tout s'il est en lames minces.

Il est beaucoup plus ordinaire de rencontrer dans le sein de la terre le bismuth à l'état vierge ou natif, que de le trouver minéralisé, c'est-à-dire, combiné avec le soufre ou l'arsenic ;

lors même qu'il est ainsi combiné, il y en a toujours une partie sous forme métallique, comme on peut s'en assurer en échauffant promptement un morceau de ces mines dans un creuset rougi au feu : on entend alors un bruit semblable à celui que produit la friture, & en même temps, sans qu'il se dégage aucune odeur, le bismuth non minéralisé sort en petites gouttes du morceau de mine, à la surface duquel elles se fixent en globules brillans qui se ternissent à l'air : si l'on remet le creuset au feu, le soufre ou l'arsenic qui minéralisent le bismuth, se dégagent à leur tour ; pendant ce temps, ce demi-métal se calcine, & souvent se vitrifie.

Pour extraire le bismuth de ses mines, on emploie deux moyens très-simples.

L'un est de creuser en gouttière un tronc de pin, de le disposer ensuite sur le sol, de manière qu'il soit incliné vers un trou pratiqué dans la terre à une de ses extrémités ; ce trou que l'on enduit d'argile & de poussière de charbon, sert de *casse*, & est destiné à recevoir le métal fondu ; on met pour cet effet un lit de menu bois sur la gouttière de sapin ; on allume ce bois, on y met la mine de bismuth, & le demi-

G iij

métal, à mesure qu'il se fond, coule de la gouttière dans la casse.

Dans d'autres endroits, on fait une petite muraille circulaire d'environ dix-huit pouces de haut sur quatre à cinq pieds de diamètre, le sol de ce fourneau est incliné vers un trou pratiqué dans la muraille, & auquel répond une petite fosse qui sert à recevoir le métal fondu ; les parois de cette espèce de *casse*, ainsi que le fond du fourneau, sont enduits d'un mélange d'argile & de poussière de charbon ; cette espèce de brasque sert à réduire la portion de métal qui tendroit à passer à l'état de chaux ; on établit sur la muraille un lit de bûches, & après les avoir allumées, on y jette la mine de bismuth ; à mesure que ce demi-métal entre en fusion, il tombe sur le sol du fourneau, d'où il se rend à la casse ; là on le puise avec des cuillers de fer pour le verser dans des moules enduits de terre glaise.

Dans ces deux manières de fondre les mines de bismuth, le même feu dégage l'arsenic & le soufre, & met le métal en fusion.

Lorsque le cobalt & le bismuth se trouvent ensemble minéralisés par l'arsenic, on en sépare plus difficilement le bismuth, & très souvent la chaux de ce demi-métal reste confondue avec celle du cobalt; mais on retrouve le bifmuth raffemblé fous forme métallique au fond du creufet où l'on a fondu le fmalth.

J'ai eu de M. Forfter un plateau de régule de bifmuth criftallifé, dont l'épaiffeur eft de deux lignes & demie; la furface repréfente des quarrés en relief, compofés de petits cubes comme le fel marin : ces quarrés ont environ quatre lignes de diamètre, & leur intérieur offre la cavité d'une pyramide à quatre pans ; fur ce même plateau de bifmuth on remarque d'autres cubes formés par des lames affemblées en retraite les unes fur les autres, comme les marches d'un efcalier ; plufieurs de ces cubes imitent par les angles faillans & rentrans des lames qui les compofent, les deffins à la grecque, ou en bâtons rompus.

On peut auffi faire criftallifer le bifmuth par le moyen du mercure, comme je l'ai indiqué dans mes *Mémoires de Chimie, page 82.* Le bifmuth ne retient, pour criftallifer, que deux parties de mercure ; ces criftaux n'ont point entre eux la cohérence qu'on remarque dans les autres amalgames ; quant à leur forme, on en voit d'octahèdres, où les huit plans triangulaires paroiffent compofés d'autres triangles, dont un très-petit occupe le centre.

G iv

En pyramides à quatre pans.

En lames triangulaires, dont les angles font coupésde biais.

En prifmes hexagones ftriés, tronqués, un peu aplatis.

Le bifmuth partage la plupart des propriétés du plomb; comme lui, il peut fervir à coupeller les métaux *(e)*, pris intérieurement il eft auffi dangereux, & n'eft pas moins nuifible lorfqu'il eft réduit en vapeurs par le moyen du feu.

Si l'on expofe du bifmuth au feu, il y entre aifément en fufion : fa furface fe couvre d'une chaux grife ; à un feu plus violent le bifmuth bout, fa chaux fe vitrifie, & ce verre eft rejeté vers les bords du creufet ; la fumée qui fe dégage alors eft jaune & fans odeur ; le verre de bifmuth obtenu par ce moyen eft rougeâtre, & moins pefant que le bifmuth fous la forme métallique ; car fi la quantité de bifmuth employée ne s'eft pas entièrement vitrifiée, on trouve fous ce verre, au fond du creufet, le régule de bifmuth.

L'acide nitreux diffout ce régule avec une

(e) Pendant cette opération, il fe diffipe un quart de bifmuth, le refte eft abforbé par la coupelle.

effervefcence confidérable ; lorfque l'acide en eft faturé, il donne par l'évaporation & le refroidiffement, du *nitre de bifmuth* en criftaux blancs, tranfparens, compofés d'un prifme tétrahèdre un peu comprimé, ayant deux côtés larges & deux étroits ; ces prifmes font terminés par deux pyramides trihèdres obtufes, dont les plans font un rhombe & deux trapèzes.

Si l'on étend d'eau la diffolution de nitre de bifmuth, elle fe décompofe, & le bifmuth fe précipite fous la forme d'une poudre blanche, brillante & feuilletée, qu'on nomme *magiftère de bifmuth ;* les femmes font ufage de ce fard pour blanchir la peau, & les perruquiers pour noircir les cheveux.

Si l'on verfe dans cette diffolution de l'acide vitriolique ou de l'acide marin, il fe forme des précipités blancs, qui font des fels neutres de différente nature, l'un étant un *vitriol de bifmuth*, & l'autre un *bifmuth corné.*

Pour obtenir le *beurre de bifmuth*, il faut diftiller au fourneau de réverbère, dans une cornue de verre lutée, un mélange de deux parties de fel ammoniac, & d'une de chaux de bifmuth : le fublimé qu'on obtient eft un fel blanc feuilleté, tranfparent, déliquefcent, à peu-près femblable pour le goût, au fel de

Saturne ; ce sel peut être considéré comme un vrai beurre de bismuth qui se fond aisément au feu, & qui s'y sublime de même.

Si l'on verse de l'eau sur ce beurre de bismuth, il se fait un précipité blanc, qui est du *bismuth corné*, ou un sel avec moins d'acide que le beurre de bismuth.

Les foies de soufre noircissent les dissolutions de bismuth comme celles de plomb ; cet effet se produit par une double décomposition, l'acide s'unit à la base alkaline, & le soufre se combine avec la terre métallique.

Si l'on jette sur du bismuth fondu le quart de son poids de fleurs de soufre, & qu'on agite ce mélange *(f)* avec une verge de fer, il en résulte une masse noirâtre & poreuse, qui se fond au feu, & qui par le refroidissement devient grise, brillante & striée comme l'antimoine crud.

PREMIÈRE ESPÈCE.

Bismuth vierge ou *natif.*

Le bismuth vierge a la couleur du régule

(f) Dans le commencement du mélange, il se dégage une odeur de foie de soufre.

de bismuth; il est quelquefois un peu chatoyant à sa surface; mais souvent il est enveloppé
dans une gangue, dont un feu médiocre suffit
pour le dégager : on entend alors un petit
bruit ou une espèce de décrépitation , & un
instant après le morceau se couvre de globules
métalliques blancs & brillans, lesquels deviennent grisâtres par le refroidissement, à cause
d'une portion de ce demi-métal calciné qui
recouvre leur surface.

DEUXIÈME ESPÈCE.

Bismuth minéralisé par l'Arsenic.

La mine de bismuth arsenicale varie singulièrement par sa couleur : on en voit de blanche
comme l'argent, & qui est cristallisée en petits
octahèdres implantés les uns sur les autres ,
d'où résultent des prismes articulés & croisés de
diverses manières ; cette espèce a pour gangue
un jaspe rougeâtre , lequel après avoir été poli,
paroît tout parsemé de mine de bismuth en
dendrites blanches , souvent chatoyantes comme
la gorge de pigeon.

Quelquefois cette mine est d'un gris jaunâtre
& chatoye en vert & en rouge suivant la
manière dont on la présente à la lumière.

La mine de bismuth arsenicale est souvent mêlée de cobalt, alors sa surface est quelquefois recouverte d'une efflorescence lilas.

TROISIÈME ESPÈCE.

Bismuth minéralisé par le Soufre.

Cette mine est grise, brillante, & striée comme l'antimoine ; quelquefois elle est spéculaire, & sa couleur approche de celle de la galène, dont la fracture est nouvelle ; cette mine n'affecte cette forme striée, & n'a cette couleur brillante, que lorsqu'elle ne contient pas de bismuth vierge ; lorsqu'il s'y en trouve, elle ressemble à la mine de cobalt arsenicale : pour savoir donc si le demi-métal qu'elle contient est minéralisé par le soufre ou par l'arsenic, il faut exposer la mine au feu, le bismuth vierge se dégage sur le champ ; mais on n'obtient la portion de bismuth minéralisée, soit par le soufre, soit par l'arsenic, qu'après l'entière volatilisation de l'une ou de l'autre de ces substances minéralisantes.

Je suis porté à croire qu'il existe aussi du bismuth minéralisé par l'acide marin ; mais n'ayant point encore eu jusqu'à ce jour occasion d'en essayer, je ne puis point l'affirmer :

quelques Minéralogistes ont fait mention d'une ochre de bismuth native, dont la couleur tire sur le jaune.

Du Zinc.

Le zinc est un demi-métal, d'un blanc-bleuâtre, brillant dans sa fracture, & qui n'est point fragile comme les autres demi-métaux; il est même ductile jusqu'à un certain point. Il fond lorsqu'on l'expose au feu, & si on lui fait éprouver un degré de chaleur propre à le faire rougir, sa surface se couvre d'une chaux grise; il prend feu avec une espèce d'explosion, & répand hors du creuset une flamme vive, inodore, mêlée de bleu & de vert; cette flamme se condense dans l'atmosphère en flocons blancs, très-légers, connus sous les noms de *nihil album (g)*, de *lana philosophica*, de *pompholix (h)* & de *fleurs de zinc*; c'est une vraie chaux de zinc, qui reste phosphorique quelque temps après avoir été préparée, comme on s'en aperçoit en la regardant dans l'obscurité.

(g) Cette dénomination dûe aux Alchimistes, n'est pas mieux fondée que celle de *caput mortuum*, par laquelle on désignoit les résidus des distillations.

(h) De πομφολυξ, *bulla*, *eminentia*, *spuma*.

Cette chaux de zinc exposée au feu le plus violent, perd un tiers de son poids, & ne s'y volatilise point ; il en est de même des mines où ce demi-métal se rencontre à l'état de chaux : M. de Lassone, dans un Mémoire qu'il a lû à l'Académie, dit qu'il considère le zinc comme un phosphore métallique ; l'assertion de cet Académicien me paroît vraisemblable, & d'autant plus admissible, qu'on explique aisément par son moyen les phénomènes que présente ce demi-métal, soit dans sa fusion, soit dans sa dissolution par les acides marin, vitriolique ou phosphorique, & même par l'esprit alkali volatil.

Pendant l'inflammation du zinc en fusion, le phosphore qu'il contient se décompose en répandant une lumière éblouissante, l'acide qui en résulte s'unit à la terre métallique du zinc, & le convertit instantanément en chaux ; cet effet suit immédiatement l'inflammation du demi-métal *(i)*. On peut aussi faire passer du zinc à l'état de chaux ; en tenant ce demi-métal en

---

(i) Le régule d'arsenic contient aussi une espèce de phosphore tout formé, c'est la raison pour laquelle il s'enflamme lorsqu'il est pénétré d'assez de feu pour rougir, & que son passage à l'état de chaux est alors presque instantané.

fufion, fans l'enflammer ; on enlève alors la pellicule grife qui fe forme fans ceffe à la furface , & on achève de la calciner fous la moufle d'un fourneau de coupelle ; par ce moyen l'on obtient une chaux de zinc grifâtre bien moins divifée que celle qui provient de la déflagration de ce demi-métal ; il faut des journées pour calciner ainfi le zinc , tandis qu'on parvient au même but en quelques fecondes , par la déflagration.

Une expérience de M. de Laffone , fert à confirmer ce que je viens d'avancer fur la calcination du zinc par la déflagration. Cet Académicien expofa au feu deux parties de limaille d'acier & une de fleurs de zinc, dans un creufet qu'il tint rouge pendant quatre heures ; ayant alors retiré le creufet du feu, il trouva que le fer étoit converti en une chaux rouge , qui n'étoit plus attirable par l'aimant ; or, fans cet intermède, une quantité donnée de fer ne pourroit être portée à l'état de chaux non attirable , qu'après avoir éprouvé l'action d'un feu continué pendant plufieurs jours ; d'où l'on peut conclure , à ce que je crois, que c'eft l'acide de la chaux du zinc qui, portant fon action fur le fer, caufe la prompte altération que ce métal éprouve dans cette opération. Voici une expérience qui jette un nouveau jour sur cette théorie ; M. de Lassone a remarqué qu'une lime d'acier dont il avoit fait usage pour limer du zinc, s'étoit bientôt trouvée hors d'état de servir, malgré le peu de dureté de ce demi-métal ; il pense que cet effet provient de l'acide dégagé du zinc par cette opération, lequel portant son action sur le fer de la lime, l'attaque, le dissout, & en détruit très-promptement les aspérités.

La vapeur odorante & inflammable qui se dégage durant la dissolution du zinc par divers menstrues, n'est que le résultat de la décomposition du phosphore que contenoit ce demi-métal ; on peut, ce me semble, rendre ainsi raison de ce phénomène : Lorsque l'acide vitriolique ou l'acide marin portent leur action sur le zinc, le phlogistique de l'un ou de l'autre acide s'unit au phosphore de cette substance métallique, & le rend volatil ; la chaleur qui s'excite alors, réduit en vapeurs une portion de l'eau, qui entraîne avec elle le phosphore du zinc, & le répand dans l'atmosphère ; durant cette expérience, si l'on présente la flamme d'une bougie à l'orifice du vase où se fait la dissolution, la vapeur odorante prend feu avec une explosion plus ou moins forte ; la flamme inodore qui en réfulte, eft bleue avec des étin-celles rouges.

M. de Laffone a reconnu que l'alkali volatil mis en digeftion à froid avec de la limaille de zinc, en dégageoit auffi des vapeurs inflam-mables.

Ces vapeurs inflammables formées pour la plus grande partie d'un phofphore volatil, ont été nommées *air inflammable* ou *gas*, par les parti-fans de l'*air fixe*; j'avoue de bonne foi que, malgré l'autorité de plufieurs hommes célèbres qui ont adopté ces dénominations, je n'ai pu me réfoudre à en faire ufage, parce qu'elles me paroiffent obfcures, équivoques, & nullement exactes.

Le zinc eft après le fer, la fubftance métal-lique la plus commune dans la Nature ; j'ai découvert que toutes les pyrites martiales en contenoient plus de quinze livres par quintal. M. Grignon, Correfpondant de l'Académie royale des Sciences, a démontré que la *cadmie* des fourneaux *(k)*, où l'on traite les mines de fer

---

(k) On donne le nom de *cadmie* aux fublimés métalliques qui contiennent du zinc; fi la chaux de ce demi-métal ne fe trouve pas confondue avec d'autres terres métalliques, & qu'elle forme une incruftation grife, on la nomme *tuthie*.

terreuses , contenoit une grande quantité de zinc ; ce demi-métal a d'ailleurs ses mines particulières qui se trouvent en grande abondance presque par-tout.

Le zinc est ordinairement minéralisé par le soufre ou par l'acide marin ; jamais il ne se trouve combiné avec le soufre que par l'intermède de la terre absorbante & d'un peu de fer ; la mine qui en résulte est connue sous le nom de *blende :* on a nommé *pierre calaminaire ,* la chaux de zinc combinée avec l'acide marin ; cette chaux porte le nom de *manganaise* lorsqu'elle est mêlée de cobalt.

La chaux de zinc se trouve aussi déposée avec la terre martiale dans diverses espèces de pierres, telles que certains marbres colorés, les pierres ollaires, & principalement les stéatites ; ces différentes pierres, après avoir été distillées avec l'huile de vitriol , fournissent par la lessive de leur résidu, du sel de Sedlitz. Des expériences , dont je rendrai compte par la suite , me portent à croire que la terre sedlitzienne , est pour la plus grande partie de la chaux de zinc.

Le zinc & sa chaux sont solubles avec effervescence dans tous les acides avec lesquels ils forment des sels neutres différens par leurs propriétés.

L'acide vitriolique, combiné avec le zinc jusqu'au point de saturation, forme un sel neutre qui cristallise en prismes quadrangulaires rhomboïdaux, terminés par deux pyramides du même nombre de côtés, dont les plans sont triangulaires; M. de Romé de l'Isle remarque dans sa Cristallographie, que cette forme est semblable à celle de la topaze du Bresil.

Lorsqu'on verse de l'acide nitreux sur de la limaille de zinc, il se fait une effervescence prodigieuse, accompagnée d'une chaleur considérable & de vapeurs rutilantes; le même acide dissout avec effervescence & chaleur la chaux de zinc, dite *lana philosophica*; le sel neutre qui en résulte cristallise en prismes carrés & striés; ce sel est très-déliquescent, & d'une saveur brûlante.

L'acide marin combiné avec le zinc, forme un sel neutre, caustique & très-déliquescent; si l'on distille deux parties de sel ammoniac avec une partie de limaille ou de chaux de zinc, il passe dans le récipient de l'alkali volatil qui ne fait point effervescence; lorsque la cornue commence à rougir, il se sublime du *beurre de zinc* opaque, & d'un gris blanchâtre; ce zinc corné, dont la saveur est très-caustique, se fond aisément au feu, attire puissamment l'humidité de l'air, & se dissout dans l'eau sans s'y dé-composer.

L'acide du vinaigre combiné avec le zinc forme un sel neutre qui cristallise en lames hexagones, & qui ne s'altère pas sensiblement à l'air.

La crème de tartre dissout aussi la limaille de zinc, & en dégage des vapeurs inflammables, comme l'a dit M. de Lassone.

L'acide phosphorique par *deliquium*, dissout la limaille de zinc avec la plus vive effervescence; les vapeurs qui s'en dégagent s'enflamment avec explosion lorsqu'on leur présente une bougie allumée : cette flamme est verte & continue durant le temps de la dissolution.

L'acide phosphorique volatil fumant, dégagé à froid du spath phosphorique, dissout aussi la limaille de zinc avec effervescence; cette disso-lution répand une odeur de suif échauffé, & produit des vapeurs qui s'enflamment avec explosion lorsqu'on leur présente une bougie allumée; cette flamme est blanche, & ne con-tinue point comme la précédente, durant la dissolution du zinc.

Si l'on verse de l'alkali fixe ou volatil dans

une diffolution de zinc par un acide quelconque, il fe fait un précipité blanc.

Pour reporter la chaux de zinc à l'état métallique, il faut après l'avoir mêlée avec parties égales de poudre de charbon, diftiller le tout dans une cornue au fourneau de réverbère ; une partie du zinc fe fublime alors fous forme métallique.

Ayant diftillé à un feu violent, parties égales de précipité de zinc & de poudre de charbon, il s'eft dégagé des vapeurs inflammables ; ayant approché de ces vapeurs à deux ou trois reprifes, une bougie allumée, elles fe font enflammées avec une explofion confidérable ; la cornue s'eft rompue, & le dôme du fourneau de réverbère a été foulevé ; il n'y avoit dans la cornue que deux gros de précipité de zinc. Ayant diftillé une feconde fois un mélange femblable, mais fans en enflammer les vapeurs, j'ai eu du zinc fublimé aux parois du col de la cornue ; une partie s'y trouvoit à l'état métallique, l'autre fous forme de chaux blanche.

Les Anglois retirent en grand le zinc de la pierre calaminaire, par la voie de la diftillation : l'appareil qu'ils emploient ne nous eft pas connu ; il en eft de même du zinc qui nous eft apporté de l'Inde fous le nom de *toutenague.*

H üj

A Rammelsberg près de Goslard, dans le bas Hartz, on retire le zinc de la fonte des mines de plomb qui, pour l'ordinaire, contiennent de la blende; à mesure que ce demi-métal se sublime, il s'attache à la partie antérieure du fourneau à manche, lequel est en cet endroit revêtu d'une pierre mince posée en plan incliné; une partie du zinc se rassemble en gouttes le long des parois de cette pierre, & tombe dans de la poudre de charbon; tandis que l'autre partie brûle & se sublime le long des parois du fourneau: elle les incruste sous la forme d'une poudre blanchâtre qui est la *cadmie*, connue aussi sous le nom de *tuthie*.

On fait refondre le zinc qui se trouve dans la brasque, après l'avoir séparé de la poudre de charbon, & on le verse dans des lingotières.

Le zinc peut se combiner par la fusion avec la plupart des métaux, dont il altère la ductilité & change quelquefois la couleur; on voit un exemple de cette altération de couleur dans le cuivre qui, par cette union, devient d'un jaune doré; il n'est pas aisé d'expliquer comment le zinc, dont le régule est de couleur grise, change en jaune la couleur rouge du cuivre avec lequel on le combine.

De la combinaison du zinc avec le fer,

résulte un mélange métallique très-fragile, qu'on nomme *fonte* ou *gueuse*.

Le zinc s'amalgame facilement avec le mercure, ainsi que je l'ai indiqué, *page 8 5* de mes *Mémoires de Chimie*; ce demi-métal ne retient pour cristalliser que deux parties & demie de mercure, contre une de zinc; les cristaux que fournit cet amalgame sont en lames carrées, dont les bords paroissent arrondis; ces lames formées de petits feuillets hexagones, laissent entr'elles des cavités polygones.

On a fait mention de zinc natif, mais je n'ai jamais été assez heureux pour en voir.

PREMIÈRE ESPÈCE.

Zinc minéralisé par le Soufre, Blende.

Le mot *blende* indique, dans le langage des Mineurs allemands, une substance qui aveugle ou qui trompe; mais on s'en sert particulièrement pour désigner un minéral composé de zinc, de cobalt, de fer, de soufre & de terre absorbante; le soufre dans la blende est uni au zinc par le moyen de la terre absorbante avec laquelle il forme une espèce de foie de soufre; je crois être le premier qui ait fait cette observation.

Pour rendre sensible le foie de soufre contenu

dans la blende, il suffit de verser de l'acide vitriolique sur cette mine réduite en poudre, car il s'en dégage sur le champ une odeur des plus fétides ; si l'on distille un mélange de trois parties d'huile de vitriol, avec une de blende pulvérisée, il s'en dégage une odeur très-sensible de foie de soufre décomposé ; il passe ensuite de l'acide vitriolique sulfureux, & il se sublime du soufre dans le col de la cornue.

Le résidu de la cristallisation, après avoir été lessivé, filtré & évaporé, produit de la sélenite & du vitriol de zinc, mêlé d'un peu de vitriol martial ; il reste sur le filtre environ un tiers de matière insoluble, fourni par la blende employée dans cette opération ; cette matière devient noire par la calcination, & ne perd pas sensiblement de son poids.

Ayant distillé ce résidu avec du sel ammoniac, j'ai reconnu qu'il contenoit un peu de fer, mais la plus grande partie étoit du cobalt, qui donnoit au verre blanc, avec lequel on le fondoit, la plus belle couleur bleue. *Voyez Mémoires de Chimie, page 136.*

La décomposition de la blende par la distillation avec l'huile de vitriol, fait connoître que ce minéral contient, outre le foie de soufre,

de la terre abforbante, du zinc, du cobalt &
du fer.

La blende qui a fervi pour ces expériences
étoit jaunâtre, & contenoit par quintal;

	de Zinc..............	40	livres.
Chaux	de Cobalt............	20.	
	de Fer..............	6.	
Soufre................		24.	
Terre abforbante.........		10.	
TOTAL....		100.	

La blende varie dans fa couleur felon la
quantité de fer qu'elle contient ; il y en a de
noire, de brune, de rougeâtre, de jaune,
de verdâtre & de grife ; elle eft opaque ou
tranfparente, & ne varie pas moins dans fa
forme, puifqu'on en trouve de feuilletée, de
ftriée, d'octahèdre & d'octahèdre tronquée.

La blende jaune de Scharffenberg en Mifnie,
paroît phofphorique lorfqu'on la frotte, & répand une odeur de foie de foufre décompofé :
les blendes qui ne font point phofphoriques par
le frottement, donnent des étincelles lorfqu'on
les frappe avec le briquet ; & quand on les
pulvérife dans un mortier de fer, elles répandent une odeur plus ou moins fenfible de
foie de foufre décompofé.

L'eau régale mise fur de la blende en poudre, la décompose avec une effervescence singulière ; le zinc & le fer contenus dans cette mine se diffolvent, & il s'élève du fond du vase une matière spongieuse, molle & jaunâtre, qui reste à la surface de la diffolution : cette matière mise dans l'eau diftillée se précipite ; c'est du soufre mêlé d'un peu de zinc.

Ayant diftillé une partie de blende avec deux parties de sel ammoniac, il s'est sublimé du sel ammoniac coloré en jaune par du fer ; le zinc que contenoit ce sublimé le rendoit déliquefcent ; le résidu de la diftillation étoit noir ; ayant été fondu avec du verre blanc, il lui donna une couleur violette, à peu-près semblable à celle qu'on obtient avec la man- ganaise.

PREMIÈRE VARIÉTÉ.

Blende brunâtre octahèdre.

Elle ressemble par son brillant à la mine d'étain ; les criftaux de cette espèce de blende se trouvent ordinairement groupés : de Kapnick en Transilvanie.

DEUXIÈME VARIÉTÉ.

Blende noire luisante, ou couleur de Poix.

Elle se trouve ordinairement en masses irrégulières, mamelonnées ou feuilletées : du comté de Derby en Angleterre.

TROISIÈME VARIÉTÉ.

Blende rougeâtre cristallisée & demi-transparente.

Sa couleur paroît dûe à l'état où se trouve le fer dans cette blende : on en trouve au Hartz.

QUATRIÈME VARIÉTÉ.

Blende jaunâtre phosphorique.

On a remarqué que la blende rougeâtre de Scharffenberg étoit plus phosphorique que la jaune, car la pointe d'une plume ou d'un cure-dent, suffit pour y produire ce phénomène, qu'on n'obtient de la jaune qu'avec un instrument de fer ou d'acier.

CINQUIÈME VARIÉTÉ.

Blende d'un gris bleuâtre.

Cette mine de zinc sulfureuse ne diffère des

autres espèces, qu'en ce que sa couleur est
d'un gris plus ou moins blanchâtre, & qu'elle
est composée de très-petits feuillets ; elle se
rencontre souvent entre-mêlée de pyrites cuivreuses : on la trouve en Suède.

SIXIÈME VARIÉTÉ.

Blende verte transparente.

Les morceaux que j'en ai sont lamelleux,
d'un vert jaunâtre, compactes & transparens :
de Ratieborziz en Bohème.

DEUXIÈME ESPÈCE.

Zinc minéralisé par l'acide marin, Pierre calaminaire, Calamine.

Les cristaux de spath calcaire, les madrépores, les entroques, & autres corps marins,
que l'on trouve souvent changés en calamine,
nous font présumer *(1)* que cette mine de zinc
tire son origine d'un vitriol de zinc décomposé
par les substances calcaires, sur lesquelles il a
passé ; que durant cette décomposition, l'acide
vitriolique modifié devient acide marin, & se

---

(1) À M. de Romé de l'Isle & à moi.

combine avec la chaux de zinc ; d'où réfulte la pierre calaminaire, qui contient fouvent du fer, parce que le vitriol de zinc eft rarement exempt de ce métal.

La pierre calaminaire perd par la diftillation ou par la torréfaction, trente-cinq livres de fon poids par quintal ; j'ai reconnu, d'après les expériences dont je vais rendre compte, que dans cette mine le zinc étoit à l'état de chaux ; mais combiné avec l'acide marin.

La pierre calaminaire affecte différentes formes, & varie dans fes couleurs fuivant le mélange ou la proportion des terres métalliques avec lefquelles elle fe rencontre ; quoique plus ou moins compacte, elle eft toujours effentiellement compofée de zinc & d'acide marin, excepté celle qui a paffé dans le commerce ; celle-ci ayant fubi fur les lieux une calcination préliminaire, fe trouve par ce moyen privée de l'acide marin, qui dans fon état naturel, y eft, comme je l'ai dit, dans la proportion de trentecinq livres par quintal.

Ayant diftillé au fourneau de réverbère, dans une cornue de verre lutée, une once de pierre calaminaire mélée avec deux onces de limaille de fer, il a paffé de l'eau falée, puis il s'eft fublimé dans le col de la cornue environ vingt grains d'un beurre de zinc *(m)*, blanchâtre, déliquescent & entièrement soluble dans l'eau distillée; j'ai mis dans sa dissolution du nitre lunaire, il s'est précipité sur le champ de la lune cornée.

Lorsqu'on distille sans intermède de la pierre calaminaire dans une cornue de verre lutée, à laquelle on a adapté un récipient avec de l'huile de tartre, l'acide marin volatil se combine avec l'alkali fixe, & forme un sel qui cristallise en cubes & en prismes carrés; ce n'est que dix ou douze heures après la distillation qu'il faut séparer les cristaux de sel qui se trouvent dans le récipient, afin que durant cet intervalle, ils aient le temps de se déposer. On doit avoir la même attention lorsqu'on extrait l'acide marin des métaux spathiques en général, en procédant avec l'appareil que je viens de décrire; car sans cette précaution, on fera la même faute que ceux qui ont écrit contre cette expérience : ils n'ont pas trouvé ces cristaux, parce qu'ils ne leur ont pas donné le temps de se former,

______

(m) Si au lieu de procéder à cette opération par un feu gradué, l'on fait rougir promptement la cornue, on n'obtient pas du beurre de zinc, mais de l'acide marin volatil & du zinc sous forme métallique.

& qu'ils avoient d'ailleurs employé de l'alkali fixe dissous dans une trop grande quantité d'eau.

Dans cette distillation de la pierre calaminaire sans intermède, l'acide marin qui servoit à minéraliser le zinc, devient acide marin volatil en se combinant avec la matière grasse contenue dans la pierre calaminaire.

On démontre facilement la présence de la matière grasse dans la pierre calaminaire, en distillant cette mine avec de l'acide vitriolique, qui devient sulfureux en s'unissant à cette matière grasse; il y a lieu de croire que cette même substance est ce qui rend insolubles dans l'eau la pierre calaminaire, le fer & le plomb spathique, où elle se rencontre également.

La pierre calaminaire est soluble avec plus ou moins d'effervescence dans tous les acides minéraux : quoique cette mine ne soit essentiellement composée que de zinc & d'acide marin, elle est presque toujours mêlée d'un peu de fer. Lorsqu'on veut réduire la pierre calaminaire en la distillant avec de la poudre de charbon, l'on n'obtient qu'une petite portion de zinc sous forme métallique, ce qui n'empêche pas que cette mine ne contienne une quantité beaucoup plus grande de ce demi-métal à l'état de chaux. Voyez mes *Mémoires de Chimie*, page *164*.

P R E M I È R E   V A R I É T É.

Calamine cristallisée en prismes.

Cette calamine, demi-transparente & d'un blanc-verdâtre, cristallise en prismes courts, tétrahèdres, rhomboïdaux, ou plutôt en cubes obliquangles comprimés. *Cristallogr. page 329 :* On la trouve dans le comté de Nottingham.

Ses cristaux sont petits, groupés confusément, & ne doivent point leur forme à la décomposition du spath calcaire, comme la variété suivante.

D E U X I È M E   V A R I É T É.

Calamine cristallisée en pyramides hexahèdres.

Ces cristaux, dont les uns n'ont que deux ou trois lignes, & d'autres jusqu'à trois pouces de longueur, sont ordinairement creux dans leur intérieur, & ne paroissent devoir leur forme qu'à la décomposition du spath calcaire pyramidal appelé *dents de cochon.* J'ai des groupes de ces cristaux qui sont en partie spath & en partie changés en calamine cellulaire, composée de petits mamelons : du comté de Sommerset.

La

La calamine pyramidale contient souvent du fer auquel elle doit sa couleur brunâtre; lorsqu'il ne s'y en trouve pas, elle est blanche ou verdâtre.

TROISIÈME VARIÉTÉ.

Calamine blanche, solide, & comme vermoulue.

Les sillons qui se trouvent dans cette espèce, sont enduits de terre martiale brune; elle nous vient aussi du comté de Sommerset.

La pierre calaminaire blanche du Dévonshire, est disposée en dendrites, & diffère de la précédente, en ce qu'elle contient près des deux tiers de son poids de spath séléniteux. Elle m'a été donnée sous le nom de *spathum ericæforme*, de Woodward.

QUATRIÈME VARIÉTÉ.

Calamine verte en Stalagmites.

Elle est ordinairement verdâtre ou jaunâtre, compacte, mamelonnée & demi-transparente; de la paroisse d'Holiwel, dans le comté de Sommerset.

CINQUIÈME VARIÉTÉ.

Calamine rouge.

Celle-ci est opaque & compacte, sa couleur

à peu-près femblable à celle de la brique, eft dûe à l'ochre martiale; on la trouve dans le comté de Sommerfet.

Toutes les variétés de pierre calaminaire, dont je viens de parler, s'altèrent fpontanément à l'air en perdant une portion de leur acide, lequel agit fur l'encre des étiquettes mifes fur ces morceaux, au point que les caractères s'effacent dans l'efpace de cinq à fix mois.

La calamine, ainfi que le plomb fpathique, affecte différentes couleurs, entr'autres la blanche, la verte & la rouge.

La pierre calaminaire du duché de Limbourg ne varie pas moins dans fa forme & dans fes couleurs : on en voit en criftaux blancs, ftriés, tranfparens & brillans ; mais pour l'ordinaire elle eft en maffes pefantes, compactes, jaunâtres ou brunes *(n)*.

Les acides nitreux & marin, diffolvent en partie cette pierre calaminaire, fans effervefcence bien fenfible.

Si l'on met de cette calamine en digeftion avec de l'huile de vitriol étendue de deux parties

---

(n) Je ne fais pourquoi il eft défendu d'exporter la pierre calaminaire du comté de Namur, avant d'avoir été calcinée.

d'eau, vingt-quatre heures après, cet acide se trouve avoir une couleur violette semblable à celle que lui communique la manganaise.

TROISIÈME ESPÈCE.

Zinc & Cobalt minéralisés par l'Acide marin; Manganaise.

Il est difficile d'assigner les caractères extérieurs de la manganaise; cette substance varie dans sa couleur & sa dureté, selon les divers endroits d'où on l'a tirée; il y en a qui, après avoir été exposée à l'air pendant quelque temps, perd avec son brillant, sa solidité, & dont la superficie se recouvre alors d'une efflorescence noire.

Toutes les manganaises ont une pesanteur spécifique qui annonce la présence d'une terre métallique. M. Pott, dans sa *Lithogéognosie*, *tome II, page 252*, dit, que ce ne peut être que par accident qu'on trouve quelquefois du fer dans la manganaise; néanmoins la plupart des Minéralogistes l'ont placée au rang des mines de fer.

La manganaise est essentiellement composée de zinc, de cobalt & d'acide marin; le plomb, le cuivre & le fer qui s'y rencontrent quelquefois, n'y sont qu'accidentellement.

I ij

Lorſqu'on diſtille ſans intermède de la manganaiſe, on en retire de l'acide marin volatil : il faut pour coërcer cet acide, avoir ſoin d'adapter à la cornue un récipient où l'on ait mis de l'huile de tartre : mais on n'obtient les produits exacts de cette opération qu'en prenant les précautions que j'ai indiquées ci-deſſus pour la pierre calaminaire. Par cette diſtillation, la manganaiſe ne perd point ſa couleur, & ne diminue que de quinze ou ſeize livres au plus par quintal.

La digeſtion de l'acide vitriolique ſur la manganaiſe, fournit pluſieurs phénomènes dignes d'attention. Ayant mis ſur de la manganaiſe réduite en poudre, de l'acide vitriolique concentré, je n'ai remarqué aucune efferveſcence ; il s'eſt ſeulement dégagé un peu d'acide marin qu'on reconnoît aiſément à ſon odeur. Si l'on emploie de l'acide vitriolique étendu de deux parties d'eau diſtillée, il prend après vingt-quatre heures de digeſtion, une très-belle couleur violette, qu'il conſerve tant qu'il reſte ſur la manganaiſe ; mais ſi l'on met cette teinture dans un flacon bien bouché, la couleur ſe détruit au bout de deux ou trois jours, ſans laiſſer au fond du flacon de précipité ſenſible. Ayant fait évaporer de cette teinture ſur un bain de fable dans une capfule de verre, j'ai remarqué que dès qu'elle a été échauffée, la couleur a difparu ; il s'eft en même-temps dégagé des vapeurs blanches qui avoient l'odeur d'acide marin : la teinture évaporée a produit des criftaux blancs, tranfparens & déliquefcens. Si après avoir diffout ces criftaux dans de l'eau diftillée, on y verfe de l'huile de tartre, il fe fait un précipité blanchâtre qui contient du cobalt ; ce précipité ayant été fondu avec du verre blanc, lui fit prendre une belle couleur bleue.

La couleur violette qu'on obtient de la manganaife, par la digeftion avec l'acide vitriolique, eft dûe à l'acide marin uni à du cobalt ; lorfqu'on rapproche cette teinture par l'évaporation, l'acide vitriolique fe concentre, porte fon action fur le cobalt, & l'acide marin fe dégage.

Si l'on diftille au fourneau de réverbère, dans une cornue de verre lutée, une partie de manganaife avec deux parties d'huile de vitriol, il paffe de l'acide marin & de l'acide vitriolique fulfureux ; le réfidu de la diftillation, qui eft blanchâtre & poreux, fe diffout prefque en entier dans l'eau diftillée ; cette diffolution fournit, par l'évaporation infenfible, de beaux criftaux tranfparens de vitriol de zinc *(o)*, dont la couleur, d'un lilas-tendre, eft dûe à la petite portion de cobalt qu'il contient. Les criftaux de ce vitriol font des prifmes tétrahèdres un peu aplatis, terminés par des pyramides à quatre pans. *Voyez mes Mémoires de Chimie, page 148.*

Lorfqu'on fond de la manganaife avec du verre blanc, elle lui communique une couleur violette *(p)*, d'autant plus foncée, qu'on a introduit dans le verre une plus grande quantité de manganaife; cette même fubftance eft employée

---

(o) Si l'on décompofe ce vitriol de zinc par l'alkali fixe, & qu'on diftille fon précipité avec de la poudre de charbon, on obtient du zinc.

(p) Un douzième de manganaife fondu avec du verre blanc tranfparent, le rend opaque, & lui donne une couleur d'un violet fi foncé, qu'il paroît noir; mais fi l'on joint au douzième de manganaife une égale quantité de fafran de Mars apéritif, on n'obtient alors qu'un verre verdâtre tranfparent, dont la nuance eft à peu-près femblable à celle qu'auroit eue ce verre, fi l'on n'eût employé que le fafran de Mars feul. Cette expérience fait connoître que la partie colorante de la manganaife s'eft volatilifée par le moyen de la chaux de fer; dans cette opération, le zinc, partie intégrante de la manganaife, fe réduit quelquefois en produifant une flamme vive; mais lorfque cette flamme n'a pas lieu, le zinc ne s'en volatilife pas moins fous forme de pompholix.

par les verriers, pour enlever au verre *(q)* sa
couleur bleuâtre ou verdâtre. Je crois que la
dépuration du verre est produite par la chaux
de zinc que contient la manganaise, à mesure
que cette chaux s'empare du phlogistique, qui
donnoit au verre une couleur noire ou verdâtre,
le zinc se réduit & se dissipe dans l'atmosphère;
la petite quantité de cobalt inhérente à la manganaise, donne au verre une nuance bleue qui
contribue à sa blancheur.

Pour reconnoître si une manganaise contient
du fer, il faut en distiller une partie avec deux
parties de sel ammoniac. Il passe d'abord de
l'alkali volatil qui fait effervescence avec les
acides; le sel ammoniac qui se sublime ensuite
est grisâtre, mais jaunâtre s'il contient du fer;
le beurre de zinc qui se trouve dans ce sublimé,
le rend très-déliquescent. Le résidu de la distillation est grisâtre, & contient de l'acide marin,
du zinc & du cobalt.

PREMIÈRE VARIÉTÉ.

Manganaise grise prismatique.

Sa couleur est grise & brillante comme la mine

(q) Cette propriété a fait donner à la manganaise le nom
de *Savon des verriers.*

d'antimoine cristallisée ; mais d'une nuance plus obscure : ses cristaux sont des prismes courts, tétrahedres, rhomboïdaux, striés suivant leur longueur ; ils sont pour l'ordinaire entrelassés d'une manière très-confuse, & n'offrent quelquefois que des aiguilles prismatiques, luisantes, plus ou moins desiées.

Cette manganaise contient par quintal ;

Acide marin . . . . 7 livres.
Chaux de Zinc . . . . . 80.
Cobalt . . . . 13.
TOTAL . . . 100.

DEUXIÈME VARIÉTÉ.

Manganaise noirâtre, octahèdre.

Cette espèce avoit pour gangue un spath séléniteux, blanc & feuilleté ; elle paroissoit couverte en quelques endroits d'une efflorescence, d'un rouge-tendre, que je crois dûe en partie au cobalt qu'elle contient.

TROISIÈME VARIÉTÉ.

Manganaise solide & compacte.

On nous apporte du Piémont une manganaise qui n'affecte point de cristallisation régulière, mais qui varie singulièrement, tant dans son tissu que dans sa couleur. On en voit qui est rougeâtre & feuilletée ; d'autre, d'un gris-foncé, est d'un grain fin & brillant dans sa fracture ; on rencontre dans quelques morceaux des veines de quartz blanc, de l'ochre martiale, & quelquefois des pyrites cuivreuses.

La manganaise de Piémont contient par quintal ;

Acide marin	10 livres.
Chaux { de Zinc . . .	70.
de Cobalt . .	10.
de Fer	10.
TOTAL	100.

QUTRIÈME VARIÉTÉ.

Manganaise noire en Stalagmites.

Elle est composée de mamelons où l'on remarque différentes couches, ce qui lui donne assez de ressemblance avec certaines hématites en grappes : celle du comté de Sommerset est quelquefois entre-mêlée d'une efflorescence cobaltique d'un rouge-pâle, & présente dans de petites cavités, des cristaux de plomb blanc transparens incrustés de malachite. Cette manganaise contient plus d'acide marin que les précédentes : exposée à un feu violent, elle s'y fond en un émail noirâtre.

La manganaise de Sommerset contient par quintal;

Acide marin..... 16 livres.
Chaux de Zinc... 63.
Plomb.......... 12.
Cobalt......... 9.
TOTAL.... 100.

La manganaise de Mâcon, est en stalagmite comme celle de Sommerset, mais de couleur grise & plus compacte : elle ne noircit pas les mains, comme la plupart des manganaises.

On trouve quelquefois de la manganaise noire mamelonnée, qui est grise, brillante & striée dans ses fractures ; telle est celle de Schwarzemberg.

CINQUIÈME VARIÉTÉ.

Manganaise noire, friable, cellulaire & légère.

C'est à proprement parler, une manganaise tombée en efflorescence, elle a la légèreté du noir de fumée ; comme lui, elle paroît grasse au toucher, & tache les doigts.

La manganaise légère de Dévonshire, ne diffère de la précédente, qu'en ce qu'elle est brumâtre, & que ses molécules ont un peu plus de cohérence entre elles.

SIXIÈME VARIÉTÉ.

Manganaise impure, mêlée de beaucoup de Terre martiale; Périgueux (r).

La couleur du périgueux varie, suivant la quantité de terre martiale qui s'y trouve interposée; il est ordinairement noir & compacte; l'ochre martiale jaune qui s'y trouve y est quelquefois disposée par couches.

Le périgueux teint le verre blanc en violet noir.

Je crois que la manganaise doit son origine à la décomposition de la blende; presque toutes les blendes que j'ai analysées, contenoient du cobalt.

QUATRIÈME ESPÈCE.

Zinc combiné avec l'Acide vitriolique;
Vitriol de Zinc.

Ce sel se trouve en stalactites aux parois

(r) Ce nom lui a été donné par les Droguistes qui tiroient cette mine du Périgord.

des cavités des mines de plomb du Hartz : il est
ordinairement blanc, transparent ou opaque;
quelquefois il contient du plomb, du cuivre &
du fer.

La couperose blanche du commerce, est
du vitriol de zinc qui contient du fer & du
plomb; on le prépare à Rammelsberg, de la
manière suivante. Après avoir grillé la galène
mêlée de blende, que ces mines fournissent,
on la jette, encore rouge, dans des cuves
pleines d'eau, où on la laisse durant vingt-quatre
heures; on passe cette même eau sur deux pareilles quantités de minéral grillé; on fait ensuite
évaporer & cristalliser la lessive qui en résulte;
puis on retire les cristaux, & on les liquéfie
dans une chaudière de cuivre pour enlever,
par ce moyen, une partie de l'eau de cristallisation; alors on obtient, par le refroidissement,
une masse blanche, opaque, qui est un vitriol
de zinc calciné, nommé communément *couperose
blanche* (*f*).

Si dans la dissolution de cette couperose, on
met de la noix de gale, il se fait de l'encre qui

(*f*) Le mot *couperose*, qu'on emploie vulgairement comme
synonyme de *vitriol*, vient de l'abréviation des mots latins
cuprum erosum, par lesquels on a désigné le vitriol de cuivre.

indique le fer. Cette même diffolution noircit lorfqu'on y verfe du foie de foufre ; dans ce dernier cas , c'eft le plomb qui fe précipite.

Sel de Sedlitz ou *d'Epfom ; Sel Cathartique amer.*

Ce fel eft effentiellement compofé d'acide vitriolique , & d'une terre qu'on nomme *magnéfie (t)* lorfqu'on l'a précipitée par les alkalis ; il me femble que c'eft improprement qu'on a défigné ce fel fous le nom *de fel amer* , puifque fa faveur , loin d'être amère , eft piquante comme celle du vitriol de zinc ; mais feulement un peu moins flyptique. Les criftaux réguliers du fel de Sedlitz font des prifmes tétrahèdres terminés par des pyramides à quatre pans ; ce fel ne s'altère pas fenfiblement à l'air.

Pour déterminer la nature de la terre qui fert de bafe au fel de Sedlitz, lequel , par la forme & la faveur de fes criftaux , fe trouvoit être

---

(t) La manganaife *(magnefia)* fournit , après avoir été diftillée avec l'acide vitriolique , un fel qui m'a paru en rapport avec le fel de Sedlitz ; le nom de *magnéfie* , qu'on a donné à la terre précipitée de ce fel , ne viendroit-il pas de ce que les Chimiftes ont trouvé de l'analogie entre cette terre & celle de la manganaife ?

à peu-près en rapport avec le vitriol de zinc ;
j'ai fait diſſoudre une once de ſel de Sedlitz dans
quatre onces d'eau diſtillée, & après avoir verſé
de l'huile de tartre dans cette diſſolution, j'ai
eu un précipité blanc, qui, lavé & deſſéché,
peſoit deux gros vingt grains.

Ayant mêlé ce précipité avec trois parties
de poudre de charbon, je l'ai expoſé au feu
le plus violent dans une cornue de verre lutée,
qui a été tenue rouge pendant trois heures ;
le fourneau de réverbère étant refroidi, j'ai
caſſé la cornue, j'ai trouvé ſur la poudre de
charbon de petits globules gris & fragiles,
que je regarde comme du zinc ; mais je n'en
ai pas obtenu ſuffiſamment pour pouvoir décider
le fait en le mêlant avec du cuivre rouge pour
le convertir en laiton.

Le ſel de Sedlitz m'a paru d'ailleurs contenir
une terre non métallique, dont il ne m'a pas
été poſſible de déterminer le genre. Les premiers criſtaux que fournit une diſſolution de ce
ſel, ont une ſaveur plus piquante que les ſeconds : leur forme eſt, comme je l'ai dit, un
priſme tétrahèdre terminé par une pyramide à
quatre pans, tandis que la forme des ſeconds
eſt un priſme alongé, plat & ſtrié, mais ſans
pyramides : pour reconnoître de plus en plus

la nature du sel de Sedlitz, & savoir dans quelle quantité il se trouvoit dans l'eau de ces sources, j'ai eu recours à l'évaporation; il s'en est séparé une bonne quantité de terre rougeâtre, & par le refroidissement, j'ai obtenu du sel de Sedlitz cristallisé sous deux différentes formes : l'un étoit en prismes tétrahèdres terminés par des pyramides à quatre pans, l'autre en prismes hexahèdres terminés par des sommets di-hèdres.

La terre précipité du sel de Sedlitz, par le moyen de l'alkali fixe, ayant été dissoute par l'acide nitreux, produisit, par l'évaporation, un sel neutre cristallisé en prismes, lequel étoit déliquescent & caustique, comme celui qui résulte de la combinaison du pompholix avec l'acide nitreux.

N'ayant point encore trouvé de zinc com-biné naturellement avec l'arsenic, & voulant connoître le mixte métallique qui résulteroit de cette union; j'ai fait un mélange de deux onces de chaux d'arsenic, avec une once & demie de limaille de zinc, & demi-once de poudre de charbon; ayant mis ce mélange dans une cornue de verre lutée, je l'ai tenue exposée pendant trois heures, à un feu assez violent pour commencer à fondre la cornue.

Les vaisseaux refroidis , j'ai caffé la cornue au fond de laquelle étoit une maffe grife , fragile & mamelonnée, compofée de régule d'arfenic & de zinc.

Antimoine.

Ce demi-métal , blanc & brillant, à peu-près comme l'argent , eft friable , & paroît dans fa fracture compofé de feuillets irréguliers , dont la grandeur varie fuivant l'efpace de temps que le régule a mis à fe refroidir : on trouve quelquefois à fa furface une étoile à plufieurs rayons formés par des efpèces de dendrites en relief , qui ne font autre chofe que des élémens de criftaux octahèdres implantés les uns fur les autres, d'où réfultent des pyramides branchues , croifées & entrelacées , d'autant plus faillantes que le refroidiffement a été plus lent. Si l'on frotte avec la main le régule d'antimoine , il répand une odeur femblable à celle de l'étain.

Le régule d'antimoine exige , pour être mis en fufion, un degré de feu affez confidérable : fa furface fe couvre alors d'une chaux grife ; mais fi l'on donne un degré de feu propre à faire rougir le régule d'antimoine , il brûle , & répand une fumée blanche , inodore , qui en fe condenfant , produit des criftaux tranfparens

en prifmes tétrahèdres , auxquels on a donné
le nom de *fleurs argentines d'antimoine :* lorfque
ces fleurs ne font ni criftallifées, ni brillantes,
& qu'elles font en pouffière blanche ; on les a
nommées *neige d'antimoine.*

Ces fleurs d'antimoine, expofées au feu dans
un creufet, fe fubliment fans avoir commencé
par fe vitrifier.

La chaux grife, au contraire, qu'on obtient
par la calcination lente du régule d'antimoine
étant expofée au feu fe fond, & produit un
verre rougeâtre tranfparent & fonore ; fi l'on
tient en fufion le verre d'antimoine, il répand
une fumée blanche, & fe diffipe entièrement.

On obtient une chaux abfolue d'antimoine en
faifant détonner, avec trois parties de nitre,
une partie d'antimoine crud *(u)* ; cette chaux,
après avoir été bien lavée, porte le nom d'*anti-*
moine diaphorétique ; elle peut fupporter le feu
le plus violent, fans fe volatilifer, & comme
elle ne fe vitrifie point, lors même qu'on la fond
avec des matières vitreufes ; elle eft très-propre

(u) On appelle *antimoine crud* l'antimoine combiné avec
le foufre par la fufion.

Tome II.   K

à faire de l'émail *(x)*, & dans ce cas, elle peut être fubftituée à la chaux d'étain.

Si l'on faifoit détonner enfemble parties égales de nitre & d'antimoine crud, au lieu d'obtenir une chaux blanche de ce demi-métal, comme dans l'expérience précédente, on auroit un émail d'un brun rougeâtre, connu dans le commerce, fous les noms de *foie d'antimoine*, & de *crocus metallorum (y)*; c'eft un verre d'antimoine qui contient plus de matière inflammable que celui qui eft tranfparent; on trouve à la furface de cette préparation une couche blanche de tartre vitriolé, lequel s'eft formé par la combinaifon de l'acide du foufre avec l'alkali fixe du nitre dégagé de fon acide par la détonation.

L'antimoine ne s'eft trouvé jufqu'à préfent que minéralifé avec le foufre. Pour extraire de cette mine le régule qu'elle contient, on peut employer les fubftances métalliques qui ont plus de rapport avec le foufre que n'en a l'antimoine; mais le régule qu'on obtient alors, retenant toujours une partie de la fubftance métallique

---

(x) On donne le nom d'*émail* au verre opaque; l'émail blanc fe prépare ordinairement avec la chaux d'étain.

(y) À caufe de la couleur de cette fubftance qui tire fur celle du foie ou du fafran.

dont on s'est servi pour le séparer du soufre,
il vaut mieux procéder à cette extraction par
le moyen du flux noir. Les scories qui proviennent de cette opération, sont un foie de
soufre antimonié; un acide versé dans leur dissolution en précipite le soufre avec l'antimoine :
ce précipité, d'un rouge-brun, qui porte le
nom de *soufre doré d'antimoine*, est un véritable
kermès minéral, c'est-à-dire, du régule d'antimoine combiné avec du foie de soufre volatil;
lorsqu'on l'expose au feu il se fond, & produit
une masse grise, striée, semblable à l'antimoine
crud.

L'antimoine se trouve souvent dans ses mines
à l'état de soufre doré natif, mais plus souvent
encore, il est sous forme d'antimoine strié, spéculaire ou compacte. Pour le séparer des gangues
qui l'accompagnent, on le fond dans des vaisseaux dont le fond est percé de plusieurs trous;
ces premiers vaisseaux sont posés sur d'autres
enfoncés en terre, dans lesquels l'antimoine
tombe & se moule, à mesure qu'il se liquéfie
par le feu qu'on fait autour des vaisseaux supé-
rieurs. L'antimoine crud du commerce n'a point
éprouvé d'autre préparation; il contient encore
tout le soufre qui le minéralisoit, c'est-à-dire,
près de la moitié de son poids.

On peut féparer le foufre de l'antimoine crud par le moyen des acides minéraux ; ainfi lorfqu'on diftille une partie d'antimoine avec deux parties d'huile de vitriol, il paffe de l'acide vitriolique fulfureux, puis un peu de foufre doré d'antimoine, & enfin du foufre citrin ; le réfidu de la diftillation eft blanc & poreux ; c'eft du vitriol d'antimoine, dont une petite portion eft foluble dans l'eau.

Si l'on verfe de l'eau régale fur de l'antimoine crud pulvérifé, le demi-métal fe diffout, & l'on trouve au fond du vafe le foufre fous la forme d'une poudre citrine.

L'acide marin concentré étant combiné avec le régule d'antimoine, forme un fel volatil concret, cauftique & déliquefcent, qu'on nomme *beurre*, parce qu'il fe fond au feu comme du beurre ; il a auffi la propriété de paroître gras & onctueux au toucher, mais cet effet n'eft produit qu'aux dépens du tiffu de la peau, dont une partie fe décompofe.

Une partie d'antimoine crud & deux parties de mercure fublimé corrofif, produifent par la diftillation, un beurre d'antimoine blanc, demi-tranfparent : ce qui fe fublime enfuite eft du cinabre, & l'on trouve au fond de la cornue de l'antimoine gris & strié qui n'a point été décomposé.

La préparation d'antimoine, connue sous le nom d'*émétique* ou *de tartre stibié*, est un sel neutre, composé de chaux d'antimoine & de crême de tartre ; ce sel cristallise en triangles solides d'une teinte verdâtre *(z)*, il s'effleurit à l'air & devient blanc en perdant l'eau de sa cristallisation : celui qui est ainsi tombé en efflorescence est à dose égale plus actif que celui qui n'a point perdu l'eau de sa cristallisation.

Le régule, la chaux & le verre d'antimoine sont des vomitifs & des purgatifs violens ; pris à forte dose, ce sont des poisons dont l'effet ne peut céder qu'à l'usage du vinaigre en limonade & en lavement.

La pilule perpétuelle dont quelques Auteurs de matière médicale ont parlé, n'est qu'un morceau de régule d'antimoine arrondi en petite boule.

PREMIÈRE ESPÈCE.

Antimoine natif.

M. Antoine Schwab, qui a découvert en

(z) L'eau distillée saturée de tartre stibié, est de couleur verdâtre.

1748, le régule d'antimoine natif dans la mine de Sahlberg en Suède, dit que ce régule a la couleur de l'argent; qu'il offre dans sa fracture des facettes brillantes assez larges, & qu'il s'amalgame facilement avec le mercure, propriété que n'a point le régule d'antimoine artificiel.

Pour moi je n'ai jamais vu de régule d'antimoine natif.

DEUXIÈME ESPÈCE.

Mine d'Antimoine cristallisée.

L'antimoine n'a été trouvé jusqu'à présent minéralisé que par le soufre; cette mine grise & brillante, comme l'acier poli, est ou solide ou cristallisée.

Ses cristaux réguliers sont des prismes minces, oblongs, hexahèdres, comprimés & striés suivant leur longueur, terminés à l'un & l'autre bout par une pyramide tétrahèdre obtuse *(a)*. *Ess. de Crist. page 326, Esp. I.*ʳᵉ

(a) La manganaise cristallisée ressemble beaucoup à cette mine d'antimoine, sur-tout lorsqu'elle est en faisceaux divergens; on peut, par un moyen très-simple, en faire la distinction; si l'on met cette dernière sur des charbons ardens, elle fond & répand des vapeurs d'acide sulfureux, tandis que la manganaise n'y éprouve pas d'altération sensible.

Ces prismes se trouvent ordinairement confondus & croisés de diverses manières ; la mine est alors solide & striée ; quelquefois ces stries sont divergentes ou rassemblées en faisceaux autour de différens centres : la Hongrie abonde en mines d'antimoine de cette espèce.

TROISIÈME ESPÈCE.

Mine d'Antimoine spéculaire.

Elle est composée de lames minces assez larges, & de plusieurs pouces de longueur ; souvent elles sont lisses au point de réfléchir les objets comme une glace de miroir.

Cette mine est de Toscane, & se trouve ordinairement recouverte d'une poudre rouge, qui est du soufre doré natif d'antimoine.

La mine d'antimoine lamelleuse qui a l'apparence de la galène à petites facettes, est une variété de cette espèce ; on trouve aussi des mines d'antimoine compactes, où l'on ne découvre aucuns vestiges de cristallisation.

QUATRIÈME ESPÈCE.

Mine d'Antimoine en plumes grises.

Elle est composée de filets courts, élastiques

& très-minces, d'un gris bleuâtre ; elle contient souvent de l'argent , dans la proportion de huit marcs par quintal. On lui donne alors vulgairement le nom de *mine d'argent en plumes*.

CINQUIÈME ESPÈCE.

Mine rouge d'Antimoine ou *Soufre doré natif*, Kermès minéral.

Cette mine ordinairement granuleuse & d'un rouge brun comme certaines mines de cinabre, se trouve à la surface & dans les interstices de la mine d'antimoine spéculaire avec des cristaux de soufre citrin octahèdres.

Lorsqu'on casse les morceaux de mine d'antimoine spéculaire qui contiennent du soufre doré natif, il s'en dégage une odeur de foie de soufre décomposé.

Cette mine rouge d'antimoine ne contient ni fer, ni cinabre : elle est absolument semblable au *kermès* ou au *soufre doré* qu'on obtient par la distillation de l'antimoine crud avec du sel ammoniac : ce sel se trouve alors coloré en rouge ; mais en le dissolvant dans de l'eau, le soufre doré d'antimoine, auquel il doit sa couleur, y étant insoluble, forme un précipité connu fous le nom de *fleurs rouges d'antimoine ;* c'eft un vrai *kermès.*

Si l'on fond le foufre doré natif, il produit une maffe grife & ftriée, qui ne diffère point de l'antimoine crud; l'un & l'autre fourniffent par la réduction avec le flux noir, environ quarante-cinq livres de régule d'antimoine par quintal.

SIXIÈME ESPÈCE.

Mine d'Antimoine en plumes rouges, Soufre doré natif ftrié.

Cette mine ne diffère de la précédente, qu'en ce qu'elle eft compofée de houppes foyeufes ; elle paroît provenir de l'altération de la mine d'antimoine grife en plumes ; puif-qu'il fe trouve des faifceaux d'aiguilles de cet antimoine, dont une partie eft grife & l'autre rouge.

L'altération de la mine d'antimoine grife me femble être l'effet d'un foie de foufre volatil ; on a vu ci-deffus, qu'en diftillant de l'antimoine crud avec de l'huile de vitriol, il fe fublimoit du foufre citrin & du foufre doré : feroit-ce auffi par l'intermède de l'acide vitriolique que fe feroit produit le foufre doré natif!

DES MÉTAUX.

Les métaux diffèrent des demi-métaux par leur ductilité, leur couleur *(b)* & leur fixité, quoiqu'il y en ait plusieurs qui se volatilisent par l'action du feu; on trouve la plupart de ces substances métalliques confondues dans leurs mines, & très-souvent combinées avec l'arsenic, le zinc, &c.

Les métaux sont plus difficiles à réduire en chaux que les substances demi – métalliques inflammables, telles que le zinc & l'arsenic; ce n'est pas que le principe de la métalléité *(c)* soit différent dans les uns ou dans les autres, il est toujours le même, c'est-à-dire, une espèce de phosphore combiné avec la terre métallique; mais sa combinaison paroît plus intime dans les métaux, & il y paroît plus inhérent à leur base terreuse.

(b) La couleur des demi-métaux est un gris-blanc, brillant, & de différentes teintes.

(c) Le principe de la métalléité a été nommé *phlogistique*, qui signifie *inflammable*; mais pour donner la métalléité aux terres métalliques, il me semble qu'il doit être à l'état de phosphore, & je crois que c'est lui qui rend les substances métalliques dangereuses, car leur chaux absolue, c'est-à-dire, la terre métallique dépouillée du principe inflammable, perd cette propriété; l'antimoine diaphorétique en est un exemple,

Fer.

Le fer eſt un métal d'un gris bleuâtre, brillant dans ſa fracture, plus dur, moins ductile & moins fuſible que les autres métaux ; il augmente de volume, & perd de ſa ductilité par la trempe.

De toutes les ſubſtances métalliques, le fer eſt la plus commune & la ſeule qu'on puiſſe prendre intérieurement ſans danger : on le rencontre dans les productions des trois Règnes ; il eſt un des principes colorans des plantes ; il ſe trouve dans les parties colorées des animaux, & j'ai remarqué qu'étant diſſous par l'acide phoſphorique, il prenoit toujours une belle couleur rouge ; le rubis, le ſang & le vin, ſont en effet colorés par le fer combiné avec l'acide phoſphorique.

On peut aiſément diſtinguer le fer des autres métaux, aux propriétés ſuivantes : Lorſqu'il eſt ſous forme métallique, il eſt attirable par l'aimant, expoſé à l'air dans la direction du nord au ſud, il reçoit au bout d'un certain temps les propriétés magnétiques, enfin c'eſt le ſeul des métaux qui donne des étincelles lorſqu'on le frappe avec un corps dur.

Rien n'eſt plus varié que le fer dans ſes

mines , rarement on le rencontre ductile &
sous forme métallique , ce qui a porté plusieurs
Auteurs à soutenir qu'il n'en existoit point de
tel sans le concours de l'art. Souvent il est
minéralisé par le soufre ou même à l'état terreux ; il a dans le premier cas une couleur grise
& brillante, qui ne s'altère point à l'air : dans
l'autre, avec moins de brillant, ses couleurs sont
plus diverses ; lorsqu'il est minéralisé par l'acide
marin, il prend une couleur blanche , qui par
l'action naturelle & continuée de l'air & de l'eau,
s'altère jusqu'au brun foncé : dans cet état de
décomposition , la mine ne renferme presque
plus d'acide marin.

La plupart de nos mines de fer contiennent
du zinc , comme l'a observé M. Grignon :
durant la réduction de ces mines , une partie
du zinc brûle & se volatilise ; mais la plus grande
partie de ce demi-métal se combine avec le régule de fer, & forme un mélange métallique
qu'on nomme *fonte de fer* ou *fer de gueuse (d)*.

(d) M. le comte de Buffon a très-bien observé que cette
manière de fondre la mine de fer, & de la faire couler en
gueuse, c'est-à-dire, en gros lingots de fonte, quoique la plus
générale, n'est peut-être pas la meilleure , ni la moins
dispendieuse , & qu'il est possible de tirer immédiatement

Pour en séparer le zinc, on a recours à une seconde fusion, & l'on porte sous le martinet la loupe de fer qui en provient : le zinc enflammé s'en dégage sous la forme d'étincelles brillantes ; par cet affinage le fer perd plus d'un quart de son poids.

Le zinc se sépare souvent de lui-même, pendant la fusion des mines de fer qui en contiennent ; alors il forme la cadmie des fourneaux & se trouve souvent dans les cavités des scories & à la surface du régule de fer, sous la forme d'une matière blanche striée & légère ; cette chaux de zinc a été désignée par M. Grignon, sous le nom d'*amiante artificiel*, elle ne contient qu'accidentellement du fer, ce qu'on reconnoît aisément par les expériences suivantes.

J'ai distillé avec six parties de sel ammoniac, une partie de l'amiante artificiel de M. Grignon, il ne s'est pas sublimé de fleurs martiales ; le résidu de cette opération étoit plus volumineux que la matière que j'avois employée, sans avoir cependant augmenté de poids.

L'amiante artificiel de M. Grignon ne m'a

---

de l'acier de toutes sortes de mines, sans qu'il soit besoin, pour cela, de les faire passer à l'état de fonte. *Supplément de M. de Buffon, tome II, pages 46 & 79.*

point paru foluble dans les acides ; cette même
fubftance, expofée à un feu violent, ne s'y
eft point altérée ; mais fi on la mêle avec fix
parties de borax calciné, & qu'on l'expofe
enfuite à un feu propre à fondre ce fel, on
trouve au fond du creufet un verre citrin, femblable à celui que produit la chaux de zinc,
après avoir été fondue avec la même quantité
de borax calciné.

Les préparations qui doivent précéder la
fonte des mines de fer, font le boccard, le
lavage, la torréfaction, & quelquefois le mélange de différentes mines *(e)*. Suivant la nature de la terre non métallique, à laquelle le
fer eft uni, on ajoute un fondant qu'on nomme
caftine (f) quand c'eft une terre ou pierre calcaire qu'on emploie, & qui s'appelle *herbue (g)*
quand c'eft une terre argileufe ou végétale ; le
premier de ces fondans fert pour les mines
argileufes, & le fecond pour celles qui font
calcaires. Ils fe mêlent, durant la fufion, avec
l'alkali des charbons & avec la terre étrangère

(e) En mêlant une mine argileufe avec une mine calcaire,
elles fe fervent réciproquement de fondant.

(f) Mot corrompu de l'Allemand, *kalchftein*, qui fignifie
pierre à chaux.

(g) Parce que cette terre eft propre à la végétation.

que contient la mine, il en réfulte un verre coloré, quelquefois cellulaire, auquel on donne le nom de *lettier*.

Le fer duquel on a féparé la plus grande partie du zinc par l'affinage, eſt ductile *(h)*, & d'une couleur différente de celle de la gueufe; on reconnoît fa qualité au grain plus ou moins fin qu'il a dans fa fracture; mais les mines qui ne contiennent point de zinc, telle que l'hématite rouge, &c. produifent par la fufion un régule de fer comparable à l'acier *(i)*, nom confacré au fer qu'on a privé du zinc qu'il contenoit, par le moyen d'un feu violent, & de matières propres à fournir au zinc le phlogiſtique à l'aide duquel il fe volatilife. Dans cette opération qui porte le nom de *cémentation*, on a foin de tenir les barres de fer pofées verticalement dans de la pouffière de charbon; le tiffu du fer change alors, parce qu'on le

---

(h) M. Grignon m'a donné une fonte de fer criſtalliſée en pyramides quadrangulaires, articulées & branchues, qui paroiffent formées d'octahèdres implantés les uns fur les autres. Cette fonte rafinée par une longue fufion, eſt ductile juſqu'à un certain point; c'eſt ce que M. Grignon nomme *régule de fer*.

(i) L'acier étant le fer le plus pur, eſt auffi le plus ductile; mais il perd cette propriété par la trempe.

refroidit lentement, & que le métal a éprouvé un feu propre à le ramollir.

Le fer s'unit, par la fufion, avec la plupart des métaux, mais il en altère fa ductilité, & change leur couleur ; il n'eft point fufceptible d'amalgame avec le mercure.

De toutes les fubftances métalliques, le fer eft celle qui augmente le plus en pefanteur abfolue, par la calcination, puifque la limaille d'acier, après avoir été réduite en chaux non attirable, par un feu de réverbère continué pendant foixante heures, a augmenté de quarante-deux livres par quintal ; la chaux que j'ai obtenue par ce moyen, avoit une couleur d'un rouge-brun *(k)*.

La rouille ou la chaux de fer produite par l'altération qu'éprouve ce métal, lorfqu'expofé à l'air il y perd fon phlogiftique, eft brunâtre *(l)* ou jaune ; dans ce dernier état, on la nomme *ochre martiale ;* fi on la calcine elle prend une belle couleur rouge.

Pour déterminer fi une fubftance minérale contient du fer, il faut la fublimer avec huit parties de fel ammoniac ; ce fel en fe fublimant,

---

(k) C'eft le fafran de Mars aftringent des Pharmacies.

(l) C'eft le fafran de Mars apéritif.

enlève

enlève le fer, & se colore en jaune : après l'avoir dissout dans l'eau, on verse dans cette lessive de la décoction de noix de gale, on obtient une belle couleur noire, dûe au fer dégagé de l'acide marin par la matière extractive astringente de la noix de gale.

Pour s'assurer de la quantité de fer contenue dans une mine de ce métal, il faut la lotir, la piler, la laver, la calciner, & finir par la fondre avec deux parties de flux vitreux *(m)*, ayant soin de faire usage d'un creuset brasqué, & de couvrir la mine de poudre de charbon ; il faut tenir cet essai à un feu vif pendant douze ou quinze minutes, le régule de fer se trouve ordinairement au fond du creuset, sous la forme d'un culot arrondi, & souvent cristallisé ; ce régule est plus ou moins ductile *(n)*, selon que

---

(m) Je n'emploie ordinairement pour ces essais que cent grains de minéral, & deux cents grains de verre de borax.

(n) Il pourroit arriver qu'un régule de fer très-ductile parût aigre & cassant, si au lieu de le laisser refroidir lentement, on lui faisoit éprouver trop promptement l'impression de l'air ; cela vient de ce que le fer reçoit alors une espèce de trempe par le contact de l'air extérieur : la trempe des sabres orientaux, connus sous le nom de *Damas*, est l'effet d'un refroidissement procuré par un moyen à peu - près semblable.

le fer qu'il contient est plus ou moins pur, plus ou moins dégagé de toute matière étrangère, tels que le zinc, le soufre, &c. le verre qui le couvre n'est point sensiblement coloré lorsque l'essai a été bien fait.

Le fer se trouve naturellement combiné dans la terre avec les acides minéraux, & forme avec eux des sels métalliques, qui diffèrent en couleur & en propriétés, selon la nature de l'acide auquel il est uni.

L'huile de vitriol étendue de huit parties d'eau *(o)*, dissout avec effervescence & chaleur, la limaille d'acier ; il s'en dégage des vapeurs odorantes, inflammables, qui, lorsqu'on leur présente la lumière d'une bougie, produisent une flamme bleue sans odeur *(p)*. Cette dissolution donne, après avoir été filtrée & évaporée, des cristaux rhomboïdes *(q)* & transparens,

---

(o) L'acide vitriolique concentré n'a point d'action sensible sur le fer.

(p) Cette expérience est connue sous le nom de *chandelle philosophique*. On a nommé depuis peu ces vapeurs, *air* ou *gas inflammable*.

(q) J'ai obtenu par l'évaporation insensible d'une dissolution de vitriol martial, un cristal de ce sel, composé d'un segment de prisme hexagone, terminé par une pyramide hexahèdre tronquée ; les plans de la pyramide sont alterna-

d'un beau vert d'émeraude : ils doivent cette couleur & leur transparence à l'eau de la cristallisation ; car dès qu'ils la perdent, le vitriol martial devient blanc, puis jaune & opaque ; en le calcinant il devient rouge ; on en retire par la distillation un acide vitriolique noir, fumant, qui se condense par le froid ; il est connu sous le nom d'*huile glaciale de vitriol ;* lorsqu'on en met dans l'eau il s'échauffe avec bruit, comme un fer rouge.

La dissolution de vitriol martial, étendue de beaucoup d'eau, étant abandonnée à une évaporation insensible, se décompose presque entièrement sans fournir de cristaux ; elle dépose une terre martiale du plus beau jaune, à laquelle on donne le nom d'*ochre.*

L'acide nitreux dissout aussi la limaille d'acier avec une très-vive effervescence ; durant cette opération, il se dégage une prodigieuse quantité de vapeurs rouges qui ne sont point inflammables *(r)* ; le fer est dépouillé de son phlogistique, & reste au fond du vase, sous la forme d'une terre brunâtre.

---

tivement triangulaires & hexagones, le sommet de la pyramide est triangulaire, deux des triangles opposés sont séparés des plans hexagones par un rectangle.

(r) C'est ce que M. Priestley nomme *air nitreux.*

L'acide marin diſſout le fer avec efferveſcence, les vapeurs qu'il en dégage ſont bien plus inflammables que celles qu'on obtient de ce métal par le moyen de l'acide vitriolique ; le ſel marin martial qui en réſulte eſt déliqueſcent.

Si l'on combine avec le fer de l'acide marin très-concentré , en ſublimant enſemble parties égales de ſel ammoniac & de fer , il ſe dégage de l'alkali volatil ; puis il ſe ſublime du ſel ammoniac coloré en jaune par du fer , & l'on trouve au fond de la cornue une maſſe ſaline , blanche , feuilletée , compoſée de petites lames carrées , tranſparentes : ce ſel expoſé à l'air y devient jaunâtre , enſuite brun & mou.

L'alkali volatil qui ſe dégage durant la diſtillation du ſel ammoniac avec le fer, fait efferveſcence avec les acides : la portion de ſel ammoniac colorée par le fer , eſt connue ſous le nom d'*Ens martis;* ce qui reſte au fond de la cornue eſt un ſel neutre formé d'acide marin très-concentré & de fer ; ce ſel a ſouvent une couleur griſâtre , ſes criſtaux ſont brillans & chatoyans , comme certaines eſpèces de mine de fer ſpathique. J'ai quelquefois préparé de ce ſel martial dont les criſtaux étoient d'un beau rouge de grenat. J'invite ceux qui ne veulent point admettre l'acide marin comme minéralifateur dans les mines de fer fpathiques, à répéter ces expériences, & j'ofe efpérer qu'ils feront frappés de l'analogie qui fe rencontre entre ces produits artificiels, & ceux que la Nature nous offre journellement.

L'acide phofphorique par *deliquium*, diffout avec effervefcence la limaille d'acier; la vapeur odorante & inflammable qui s'en dégage, eft femblable à celle qu'on obtient du fer par le moyen de l'acide vitriolique, excepté que la flamme qu'elle produit lorfqu'on l'allume, eft verte au lieu d'être bleue.

L'acide phofphorique volatil fumant, diffout la limaille d'acier avec effervefcence, & produit, comme le précédent, des vapeurs inflammables.

Si dans une diffolution de fer par un acide, l'on verfe, ou de l'alkali fixe ou de l'alkali volatil, il fe fait un précipité d'un bleu verdâtre, qui, après avoir été bien defféché, prend une couleur brune, & pèfe par quintal quatre-vingt-huit livres (f) de plus que le fer qui avoit été

(f) Ayant diffous cent grains de limaille d'acier dans de l'acide vitriolique, & précipité le fer de cette diffolution par le moyen de l'alkali de la foude, j'ai bien édulcoré ce précipité, je l'ai fait fécher, puis je l'ai expofé au feu dans un creufet pour diffiper le refte de l'humidité qu'il auroit pu retenir, il pefoit alors 188 grains.

diſſous ; quantité qui excède de plus de moitié l'accroiſſement en peſanteur abſolue dont ce métal eſt ſuſceptible en paſſant à l'état de chaux par l'action du feu ; ce précipité de fer eſt inſoluble dans l'eau, comme le bleu de Pruſſe ; c'eſt un ſel formé par l'acide phoſphorique & le fer.

La préparation qu'on nomme *bleu de Pruſſe*, eſt un ſel compoſé d'acide animal & de fer ; pour obtenir ce ſel, on calcine deux parties de ſang de bœuf deſſéché, mêlées avec une partie d'alkali fixe pur ; durant cette opération l'huile du ſang brûle, l'alkali volatil du ſel ammoniac animal ſe diſſipe, & l'acide phoſphorique qui le neutraliſoit, ſe combinant avec l'alkali fixe, il en réſulte le ſel que j'ai déſigné ſous le nom de *ſel animal :* Geoffroi l'avoit nommé *alkali ſavonneux ;* mais quelques Chimiſtes modernes ont cru devoir y ſubſtituer la dénomination très-impropre d'*alkali phlogiſtiqué ;* ſi c'étoit en effet du phlogiſtique que ce ſel introduiſît dans le fer qu'il précipite d'une diſſolution de vitriol martial, ce précipité bleu ſeroit attirable par l'aimant, & ſoluble dans les acides ; or, le bleu de Pruſſe n'a point ces propriétés, & il ne peut les avoir, puiſque c'eſt un ſel qui a pour principe l'acide animal uni à beaucoup de matière grasse, & que cet acide, le plus pesant de tous, ne peut être séparé du fer par d'autres acides moins pesans que lui, lesquels ne font au contraire qu'aviver la couleur du bleu de Prusse.

On peut s'assurer que c'est un acide qui donne au bleu de Prusse sa couleur, en mettant de l'alkali fixe en digestion sur cette préparation : car alors le bleu de Prusse perd sa couleur, & devient brun ; la lessive étant filtrée paroit verdâtre, & dépose au fond du flacon où on la conserve un peu d'ochre martiale.

On détermine si cet alkali fixe est saturé de l'acide qui coloroit le bleu de Prusse, en y versant un acide *(t)* ; s'il ne se fait point d'effervescence, c'est une preuve que l'alkali fixe est saturé : par l'évaporation de cette lessive du sel animal, on obtient un sel neutre non déliquescent, d'un jaune vert, en cristaux feuilletés, &c. *Voyez dans mes Mémoires de Chimie, page 59,* l'analyse que j'ai donnée de ce sel.

(t) Lorsqu'on verse un acide dans la lessive du sel animal, il se précipite un peu de bleu de Prusse qui y étoit tenu en dissolution ; la même chose peut arriver si l'on y verse une dissolution d'or ou une dissolution d'étain avec excès d'acide ; c'est ce qui en a imposé à quelques faiseurs d'expériences.

L'alkali volatil eſt également propre à décompoſer le bleu de Pruſſe; ſa leſſive fournit
un ſel ammoniac animal, de couleur bleue, qui,
de même que le ſel précédent, a la propriété
de précipiter le fer de ſa diſſolution en un beau
bleu de Pruſſe.

Lorſqu'on met dans une diſſolution de vitriol
martial, de la poudre de noix de gale ou de la décoction de cette même ſubſtance, la liqueur ſe
trouble, devient noire, & forme de l'encre; cette
couleur noire n'eſt dûe qu'aux molécules de fer
ſous forme métallique, qui ſe trouvent ſuſ-
pendues dans ce fluide; le fer abandonne alors
l'acide auquel il étoit uni, pour s'unir au
principe inflammable contenu dans la matière
végétale, tandis que l'acide du ſel martial porte
ſon action ſur la terre abſorbante de la matière
extractive de la noix de gale; les décoctions
de roſes rouges, de thé, de ſumac, de même
que celles de toutes les plantes aſtringentes,
ſont propres à faire de l'encre avec la diſſolution
de vitriol martial.

Le fer ſuſpendu dans l'encre, eſt ſoluble dans
les acides, parce qu'il eſt à l'état métallique,
ce qui n'arriveroit pas s'il étoit ſous forme de
bleu de Pruſſe.

PREMIÈRE-ESPÈCE.

Fer vierge ou natif.

Il ne diffère point du fer le plus pur ; sa couleur, lorsqu'on l'a nouvellement limé, est grise & brillante ; sa limaille étant jetée à travers la flamme d'une bougie, prend feu & scintille comme celle de l'acier : le fer natif est très-ductile, il y en a dans le cabinet du Roi un très-beau morceau, lequel est entouré de mine de fer hépatique : dans une cavité de ce morceau, sont quelques mamelons d'hématite brune, de Kaumsdorf en Thuringe ; on voit aussi dans le même cabinet, deux autres morceaux de fer vierge trouvé en Sibérie par le docteur Pallas ; ceux-ci, au lieu d'être en masse solide, ainsi que le précédent, sont comme déchiquetés & parsemés de pores arrondis, où se trouvent encore des portions d'une espèce de laitier brillant.

M. Adanson dit que le fer natif est commun dans le Sénégal.

Quelle que soit l'origine de ces divers morceaux, il est constant que le fer natif de Sibérie, dont j'ai fait l'essai, est très-ductile, & qu'il s'étend sous le marteau avec autant de facilité que l'argent ; loin d'être uni à aucune autre substance métallique, ce fer ne contient pas même de zinc ; c'est ce que j'ai reconnu en le mettant en digestion avec une solution de vitriol martial, lequel ne s'est point décomposé ; ce fer natif est donc le plus pur possible, & quand on voudroit contester son origine, il n'en est pas moins vrai qu'il est malléable sans avoir été mallé.

DEUXIÈME ESPÈCE.

Aimant.

De toutes les mines de fer, l'aimant est celle qui approche le plus du fer natif ; c'est aussi la raison pour laquelle l'aimant reçoit dans la terre les propriétés qui le caractérisent, propriétés qu'il perd aussitôt qu'il a été échauffé, même en conservant son poids.

L'aimant varie par sa couleur & sa cristallisation ; celui qu'on trouve en Sibérie, est à petites facettes grises & brillantes, qui se rouillent facilement dans un lieu humide.

Celui de Corse n'en diffère qu'en ce qu'il est souvent mêlé avec du verd de montagne.

L'aimant de Saint-Domingue est brun, & ordinairement compacte : j'en possède un morceau où l'on voit des octahèdres.

L'aimant a souvent pour gangue des pierres & des terres de différentes espèces & de diverses couleurs, il s'y trouve quelquefois dispersé en petites parties, qui ont toute la propriété d'attirer la limaille de fer ; on désigne assez fréquemment la mine d'aimant par la couleur de la terre ou pierre qu'il a pour gangue : c'est ainsi qu'on appelle *aimant blanc*, un aimant noirâtre, épars dans une terre argileuse blanche.

L'aimant, lorsqu'il est dispersé dans une gangue, ne gagne pas aussi sensiblement par l'armure, que lorsqu'il est pur, compacte & sans gangue.

J'ai retiré par la réduction de l'aimant de Sibérie *(u)*, soixante & quinze livres de fer très-ductile par quintal de mine.

TROISIÈME ESPÈCE.

Mine de Fer octahèdre.

Elle est en cristaux solitaires, ordinairement lisses, & d'un gris noirâtre ; souvent ces cristaux

---

(u) L'aimant dont je me suis servi pour cet essai n'avoit aucune gangue. Ceux qui ont exclu l'aimant du nombre des mines de fer, ou qui l'ont regardé comme un minéral très-pauvre en fer, n'en ont sans doute ainsi jugé que d'après les morceaux où il n'étoit que très-clair-semé.

font épars dans une espèce de stéatite grise ; telle est celle qu'on trouve en Suède, en Corse, & même en Allemagne.

La mine de fer octahèdre est attirable par l'aimant, & m'a paru contenir un peu de soufre ; elle produit soixante & cinq livres de fer ductile par quintal.

QUATRIÈME ESPÈCE.

Mine de Fer noirâtre attirable à l'Aimant (x).

Cette mine est fort pesante & varie singulièrement quant à la forme, la couleur, la grosseur & la disposition des parties qui la composent.

Il y a des mines de fer noirâtres, solides, à particules très-fines, de feuilletées, de granuleuses, &c. On a donné le nom de *galène de fer* à celle qui imite en quelque sorte le tissu de la galène.

On en voit d'un gris bleuâtre, dont le tissu

(x) Ces mines sont dites attirables à l'aimant, parce qu'étant réduites en poudre, elles sont entièrement attirables par un barreau aimanté, tandis que les mines suivantes ne le sont qu'en partie ; la plupart de celles-ci ont cependant une action plus ou moins marquée sur l'aiguille aimantée, ainsi que l'ont observé M.rs de Romé de l'Isle & Daubenton ; la mine de fer arsénicale seule exceptée.

est composé de petits grains semblables à ceux que présente l'acier dans sa fracture.

Toutes les variétés de cette espèce, abondent en Suède, & on en a trouvé depuis peu d'analogues dans l'île de Corse. Ces mines ont presque toujours pour gangue de l'asbeste ou du schorl ; elles sont très-riches en fer, puisqu'elles m'ont rendu par quintal, depuis soixante & dix-huit, jusqu'à quatre-vingt-une livres de fer très-ductile.

Je n'ai pas trouvé sensiblement de soufre, ni de zinc dans ces mines de fer noirâtres, attirables, non plus que dans un sable noir également attirable, qui paroît devoir son origine à la division de ces mêmes mines ; les acides ne font point effervescence avec ces mines de fer attirables, & par la digestion ils ne les dissolvent pas sensiblement.

CINQUIÈME ESPÈCE.

Émeril ou *Émeri*.

Lorsque la mine de fer attirable, se trouve déposée en petite quantité dans une gangue très-dure, tel qu'un jaspe grossier ou un feld-spath grisâtre, on la nomme *émeril* (y) ; sa

(y) Émeril, *smyris*, du grec σμυρις, dérivé de σμάω, nétoyer, purger.

couleur est rougeâtre ou grise ; après avoir divisé ce minéral sous des meules, en poussière fine, on l'emploie à polir les métaux & le verre.

J'ai retiré par la réduction de l'émeril, douze livres de fer ductile par quintal.

Sixième espèce.

Fer minéralisé par le Soufre, Fer spéculaire ou à facettes brillantes.

Cette mine est quelquefois composée de lames luisantes, qui réfléchissent les objets comme le plus bel acier poli ; telle est celle qu'on trouve sur le mont d'Or en Auvergne. M. de Romé de l'Isle a remarqué que ces lames affectent la forme hexagone, à bords en biseau, & qu'elles se trouvent quelquefois chargées de petits octahèdres comprimés comme certains cristaux d'alun.

On trouve une mine de fer spéculaire, en lames hexagones posées de champ, dont les bords sont en biseau *(z)* dans un jaspe rou-

---

(z) Ces lames hexagones à bords en biseau, résultent de deux pyramides hexagones jointes base à base & tronquées plus ou moins près de leur base. M. Grignon a donné la figure de pareils cristaux de régule de fer, qu'il a observé

geâtre, du Valdajols près Plombières, dans les Vofges.

La mine de fer fpéculaire de l'île d'Elbe, eft remarquable par la variété de fes criftallifations, & par la vivacité des couleurs chatoyantes qu'on obferve fouvent à fa furface.

Ses criftaux font tantôt formés de deux pyramides trihèdres, obtufes, à plans triangulaires, oppofées par leurs bafes, & féparées par fix plans triangulaires : tantôt de deux pyramides trihèdres obtufes, à plans pentagones, féparées par fix plans triangulaires ; tantôt les pyramides trihèdres obtufes & oppofées font à plans rhombéaux fans triangles intermédiaires, &c. *Voyez l'Effai de Criftallogr. page 3 5 9 & fuiv.*

Cette mine qui, généralement eft de forme lenticulaire, a fouvent pour gangue, du quartz criftallifé ou une argile blanche plus ou moins tenace ; ce font les morceaux où cette argile fe rencontre, qui offrent les plus vives couleurs.

J'ai retiré cinquante livres de fer ductile par quintal de mine de fer fpéculaire de l'île d'Elbe.

---

dans le laitier des fonderies. Les ouvriers les nomment *gramillons. Voyez fes Mémoires de Phyfique, page 8 9 , planche LII, figure 2 0.*

SEPTIÈME ESPÈCE.

Mine de Fer micacée grise ; Eisenman.

Cette mine est en feuillets minces & brillans, qui n'ont que peu d'adhérence entre eux, & qui se séparent au moindre frottement.

Dans l'*eisenman* le fer est minéralisé par le soufre ; j'ai retiré cinquante livres de fer ductile par quintal de cette mine, qui ne me paroît différer de la précédente que par son tissu *(a)*.

M. de Romé de l'Isle pense que l'*eisenman* a été produit par une hématite qui, de non minéralisée qu'elle étoit, a depuis contracté union avec le soufre. *Descript. de Miner. page* 115. L'opinion de ce Naturaliste me paroît vraisemblable.

HUITIÈME ESPÈCE.

Pyrites martiales ; Fer minéralisé avec beaucoup de Soufre & de Zinc.

Les expériences dont je vais rendre compte,

(a) Les Mineurs d'Allevard en Dauphiné, donnent à ce minéral le nom de *luisard*, à cause de ses paillettes luisantes. On le regarde comme réfractaire & intraitable, parce que sa fusion est en effet très-difficile dans les fontes en grand, mais il n'est point arsenical, comme Wallerius & quelques autres l'ont avancé.

m'ont fait connoître que la pyrite martiale étoit essentiellement compoſée de fer, de zinc, de ſoufre, de terre abſorbante & de terre alumineuſe; que les pyrites différoient par la forme, mais non par la nature de leurs principes conſtituans, dont voici les proportions les plus ordinaires :

Soufre............	45 livres.
Fer..............	30.
Zinc............	15.
Terre alumineuſe.....	6.
Terre abſorbante.....	4.
TOTAL.....	100.

La pyrite martiale porte le nom de *pyrite cuivreuſe* lorſqu'elle contient du cuivre. On nomme *pyrite aurifère* celle qui contient de l'or : j'indiquerai ci-après un moyen ſimple pour reconnoître ſi une pyrite eſt aurifère ou ne l'eſt pas.

La pyrite martiale eſt répandue dans le ſein de la terre avec une profuſion ſingulière; auſſi elle eſt l'une des principales cauſes des grands phénomènes ſouterreins, tels que les tremblemens de terre, les volcans, la chaleur des eaux thermales, les mouffettes, &c. On la rencontre quelquefois par bancs qui ont quinze & vingt pieds de profondeur , comme on le voit à Beaurin en Picardie, & dans plusieurs autres endroits de cette province. Dans ce cas , la pyrite se trouve rarement en masses régulières & brillantes , mais elle est granuleuse & noirâtre.

La pyrite martiale cristallisée se trouve en morceaux solitaires , épars dans différentes espèces de terre ; telles que les schistes, l'argile , la craie, &c. La forme, la couleur & le tissu de ces pyrites varient singulièrement ; elles sont pour l'ordinaire d'un jaune-pâle, quelques-unes sont striées dans leur fracture , d'autres sont feuilletées.

La pyrite globuleuse est la plus commune ; on remarque à sa surface des tubercules qui sont autant de pyramides tétrahèdres dont le sommet est ordinairement tronqué. M. de Romé de l'Isle dit dans sa Cristallographie , que chacune de ces pyramides est opposée à une pyramide du même nombre de côtés, mais plus alongée, dont le sommet est dirigé vers le centre de la pyrite, auquel toutes viennent se réunir ; ce sont elles qui forment les espèces de rayons ou d'aiguilles qu'on observe dans toutes les pyrites de cette espèce.

La pyrite martiale en cubes , est composée

de lames ou de feuillets brillans ; elle est quelquefois striée de manière que les stries des faces
opposées sont parallèles entre elles, & perpen-
diculaires à celles des faces voisines : les angles
solides du cube sont quelquefois aussi totalement
tronqués. *Voyez l'Essai de Cristallographie* de
M. de l'Isle.

Le fer & le zinc contenus dans la pyrite
y sont à l'état métallique ; de-là les divers phénomènes qui ont lieu lorsqu'on la décompose,
& dont je vais rendre compte.

J'ai reconnu que les pyrites martiales perdoient
par la torréfaction un tiers de leur poids ; que
durant cette opération le soufre se décomposoit
& s'exhaloit en acide sulfureux ; que le fer &
le zinc passoient alors à l'état de chaux, &
que le résidu de la torréfaction étoit d'un rouge-
brun : ce résidu mis en digestion avec l'alkali
volatil, n'en altère point la couleur lorsque la
pyrite ne contient point de cuivre.

Il est aisé de voir qu'on ne peut déterminer
par la torréfaction la quantité de soufre contenue
dans la pyrite, puisque le fer & le zinc qu'elle
renferme passent dans cette opération, de l'état
métallique à l'état de chaux, & que par ce
moyen ces métaux augmentent considérable-
ment en pesanteur absolue ; le fer, comme je

J'ai dit ci-diſſus, y prend un accroiſſement de quarante-deux livres par quintal. Mais ſi ce moyen eſt inſuffiſant pour reconnoître la quantité de ſoufre unie au fer dans la pyrite, on peut y parvenir par le procédé ſuivant : on extrait la plus grande partie du ſoufre contenu dans la pyrite martiale, en diſtillant ce minéral réduit en poudre avec ſix parties d'huile de vitriol ; il paſſe beaucoup d'acide ſulfureux, lequel eſt produit par la réaction de l'acide vitriolique ſur le ſoufre de la pyrite, car le zinc & le fer étant attaqués par ce menſtrue fourniſſent des vapeurs inflammables, & non de l'acide ſulfureux : on retire, par ce moyen, trente-cinq livres de ſoufre par quintal de pyrites ; je me ſuis aſſuré que durant cette opération, il y avoit beaucoup de ſoufre de décompoſé par l'acide vitriolique ; en effet, ayant diſtillé une partie de ſoufre avec ſeize parties d'huile de vitriol, il a paſſé beaucoup d'acide ſulfureux, puis du ſoufre citrin, lequel ayant été lavé & ſéché, s'eſt trouvé peſer un tiers de moins que le ſoufre employé dans cette expérience.

Le réſidu de la diſtillation des pyrites martiales avec l'acide vitriolique, fournit par la leſſive & l'évaporation, outre les vitriols martial & de zinc, un peu de félénite & d'alun.

Si l'on verfe fur de la pyrite martiale réduite en poudre très-fine, de l'acide nitreux précipité *(b)*, le zinc & le fer qu'elle contient, fe diffolvent avec une effer

vefcence confidérable, pendant laquelle fe dégage une quantité prodigieufe de vapeurs rutilantes; une partie du foufre fe dé-compofe, & l'autre fe trouve au fond du vafe fous la forme d'une poudre grifâtre : fi la pyrite contient du cuivre, la diffolution prend une couleur verte; mais elle eft jaunâtre quand la pyrite ne contient que du fer & du zinc.

Lorfque la pyrite martiale eft aurifère, l'or fe trouve au fond du vafe fous forme de pail-lettes brillantes; il ne faut pour l'obtenir que laver dans une capfule fous l'eau le foufre & l'or, ce dernier fe dégage & refte au fond.

Si le fer & le zinc n'étoient point à l'état métallique dans la pyrite, ils ne fe diffoudroient pas dans cette expérience avec une effer
vefcence auffi confidérable.

On peut fe mettre à l'abri des vapeurs ruti-

(b) Je mets ordinairement huit parties d'acide nitreux fur une de pyrite, & l'acide que j'emploie pèfe une once trois gros dans un flacon qui contient une once d'eau diftillée,

lantes & mal faines qui fe dégagent de la diffolution de la pyrite par l'acide nitreux , en faifant
ufage de l'appareil fuivant : Je mets dans un
plat de verre un petit fceau de même matière ,
deftiné à recevoir un verre à patte, contenant
la pyrite pulvérifée que je veux diffoudre ; après
y avoir verfé l'acide nitreux , je couvre auffitôt
le fceau avec une cloche de verre , & je mets
environ une livre d'eau dans le plat fur lequel
pofe cet appareil ; l'air contenu fous la cloche
cédant d'abord la place aux vapeurs d'acide
nitreux qui fe dégagent , s'échappe & paffe à
travers l'eau qu'il fait bouillonner; les vapeurs
rouges d'acide nitreux rempliffent alors toute la
capacité de la cloche & s'uniffent à l'eau; peu
après le vide fe forme , & l'eau s'élève dans
la cloche au point qu'il n'en refte plus dans
le plat; lorfque l'efferefcence a ceffé , on peut
ajouter quatre parties d'acide nitreux , aux huit
parties qu'on avoit mifes d'abord pour opérer
l'entière diffolution de la pyrite.

Ayant réduit dans un creufet brafqué une
partie de pyrite torréfiée , avec deux parties
de flux vitreux , j'ai obtenu quarante-cinq livres
de fer aigre , par quintal de pyrites. L'expérience fuivante m'a fait connoître que c'étoit au
zinc contenu dans ce régule de fer , qu'il falloit

attribuer son défaut de ductilité ; j'en ai extrait ce demi-métal par la vitriolisation, de la manière suivante : j'ai mis une partie de vitriol martial artificiel, dissoute dans huit parties d'eau distillée, sur une partie de régule de fer retiré de la pyrite ; après avoir laissé digérer à froid ce mélange pendant trente-six heures, le fer du vitriol martial s'est dégagé de l'acide vitriolique sous forme d'ochre jaune ; le zinc contenu dans le régule de fer s'est dissout sans effervescence, & cette dissolution qui étoit limpide comme de l'eau, a produit, par l'évaporation, du vitriol de zinc. Il résulte de cette expérience, que le fer réduit de la pyrite martiale contient près d'un tiers de zinc, ce que j'ai encore vérifié en chauffant & forgeant de ce régule de fer, lequel n'est devenu ductile qu'après avoir perdu environ le tiers de son poids.

Les pyrites martiales se décomposent d'elles-mêmes, soit dans l'intérieur, soit à la surface de la terre ; quoiqu'elles puissent rester très-long-temps sous l'eau sans y éprouver d'altération sensible, il n'en est pas de même lorsqu'elles sont exposées à des alternatives de sécheresse & d'humidité ; suivant que l'une ou l'autre de ces causes agit avec plus de continuité, la

M iv

pyrite éprouve des altérations diverses, d'où résultent autant de composés nouveaux.

Il y a trois sortes de décompositions spontanées, dont les pyrites martiales sont susceptibles : la première est leur passage à l'état de mine de fer hépatique *(c)* ; M. de Romé de l'Isle est le premier qui ait fait mention de ce genre de décomposition.

La seconde est la décomposition des pyrites par leur efflorescence ou vitriolisation spontanée.

La troisième est leur incinération ou passage à l'état d'ochre & de vitriol calciné lorsqu'elles s'enflamment d'elles-mêmes à l'air libre.

Lorsque les pyrites passent à l'état de fer hépatique, leur surface devient brune, & cette couleur gagne insensiblement jusqu'au centre de la pyrite, sans qu'elle perde rien de sa première forme. Mais un fait bien digne d'attention, c'est que le principe inflammable du soufre devient libre, & modifie l'acide vitriolique au point de le faire passer à l'état d'acide marin ; de sorte qu'en distillant sans intermède cette mine de fer hépatique dans une cornue de verre lutée, on peut extraire cet acide sous forme

---

(c) Cette mine tire son nom de sa couleur qui est semblable à celle du foie des animaux.

d'acide marin volatil, lequel se combine avec l'huile de tartre qu'on avoit mise dans le récipient. M. de Romé de l'Isle a reconnu que l'on ne retiroit point d'acide marin de la mine de fer hépatique trop avancée dans sa décomposition, & que dans cet état cette mine ne produisoit plus par la distillation, qu'une eau insipide & inodore.

La mine de fer hépatique provenant d'une pyrite martiale qui, sans perdre sa forme, a perdu le soufre qui la minéralisoit, doit affecter toutes les formes qui sont propres à la pyrite même *(d)*.

Les pyrites martiales sont aussi susceptibles par le concours d'une certaine quantité d'eau, de se gercer, d'effleurir, de perdre entièrement leur forme, & de se vitrioliser. On accélère cette décomposition en mettant les pyrites à l'ombre dans un lieu frais : leur surface se couvre alors de longs filets blancs, soyeux, capillaires, auxquels on a souvent donné le nom

---

(d) On trouve dans les Landes de Bordeaux, une mine de fer hépatique en masses assez considérables ; cette mine, à raison de sa couleur, pourroit porter le nom de *mine de fer hépatique tigrée*. En effet, la mine brune s'y trouve dispersée dans de l'ochre jaune ; elle contient de l'acide marin, & produit quarante-sept livres de fer ductile par quintal.

d'*alun de plume*, & qui ne font autre chofe que du vitriol martial mêlé de zinc : il jaunit lorfqu'il eft privé de l'eau de fa criftallifation, mais il devient vert auffitôt qu'on l'a fait diffoudre & criftallifer.

Un quintal de ces pyrites tombées en parfaite efflorefcence, fournit cent quatre-vingts livres de vitriols martial & de zinc, par la raifon que ces deux fels retiennent environ moitié d'eau pour criftallifer.

Dans l'efflorefcence des pyrites, le phlogiftique du foufre devient libre, l'acide vitriolique très-concentré attire l'humidité de l'air, & porte enfuite fon action fur le fer & le zinc qu'il diffout ; le vitriol mixte qui en réfulte criftallife & conftitue l'efflorefcence.

Si les pyrites fe trouvent divifées comme celles qui compofent la terre vitriolique de Beaurin *(e)*, laquelle contient près des deux tiers de fon poids d'eau ; il fuffit qu'elles foient en tas, & qu'elles aient le contact de l'air pour s'enflammer. J'ai reconnu que ce phénomène s'opéroit au moyen de l'eau dont ces pyrites font pénétrées, car en mêlant une demi-livre

---

(e) La terre noire de Beaurin, contient de l'eau, une huile bitumineufe & des pyrites martiales très-divifées.

de limaille d'acier avec autant de fleurs de soufre, & en délayant ces matières dans douze onces d'eau, il suffit de mettre ce mélange dans une assiette de terre, & de l'abandonner à lui-même pour qu'il prenne feu, comme je l'ai dit à l'occasion du *Volcan artificiel, tome I, page 41 & suivantes.*

Dans cette expérience, le soufre brûle en répandant une flamme bleue, mêlée d'étincelles rouges & brillantes, fournies par la combustion de la limaille de fer; lorsque tout le soufre s'est ainsi consumé, il reste une poussière rougeâtre qui contient du vitriol martial calciné, mêlé d'ochre rouge. Ce qu'on nomme *cendres de Beaurin* est en rapport avec ce résidu. Le quintal de ces *cendres* étant lessivé & évaporé, ne produit que vingt livres d'un vitriol mixte de fer & de zinc, mêlé d'un peu de sélénite & d'alun. Si le résidu de ces pyrites a été vendu comme un engrais propre à fertiliser les terres, on peut voir par ce que j'en ai dit à l'article de la *Terre végétale, Tome I, page 295; & dans mes *Mémoires de Chimie, page 180 & suivantes,* que c'est plutôt l'intérêt qui l'a fait faire que le desir d'être utile, d'après la connoissance acquise des effets qui devoient en résulter.

L'eau qui a dissout du vitriol martial dû à la

décomposition des pyrites, venant à s'infiltrer dans les cavités de la terre, y dépose ce vitriol sous la forme de stalactites vertes & transparentes *(f)*; on en a trouvé de très-belles dans les galeries des mines de plomb de Pompéan près de Rennes en Bretagne.

Lorsqu'une dissolution de vitriol martial se trouve étendue d'une trop grande quantité d'eau, elle se décompose & dépose une ochre jaune dans les lieux où elle a séjourné.

Si de l'eau qui tient en dissolution du vitriol martial, vient à séjourner sur du sel gemme, elle le décompose, l'acide vitriolique s'unit à l'alkali minéral, & forme du sel de Glauber: l'acide marin devenu libre s'unit au fer.

NEUVIÈME ESPÈCE.

Mine de Fer terreuse ou *limonneuse.*

Les madrépores, les oursins, les coquilles, & autres corps marins changés en fer, de même que les dépôts, par couches, de terre martiale jaunâtre ou brunâtre, proviennent de la décom-

---

(f) On trouve souvent dans la terre un vitriol martial, dont la couleur est rougeâtre : ce vitriol qu'on a nommé *chalcitis*, est à l'état de *colchotar*, c'est-à-dire, de vitriol martial calciné jusqu'au rouge.

pofition des pyrites, ou même d'un vitriol martial décompofé par l'intermède de la terre calcaire ; il en eft de même des mines de fer en grains & de quelques autres formées par couches ou feuillets concentriques ; ces dernières, qu'on a défignées fous le nom de *pierres d'aigles*, contiennent dans leur intérieur, qui eft fouvent creux, des corps étrangers tels que du fable, de petits cailloux, &c. C'eft de l'ifolement de ce noyau intérieur que provient le bruit qu'on entend lorfqu'on fecoue une de ces pierres *(g)*.

Si les échinites, les madrépores, les coquilles ou la terre calcaire même, ont pris une couleur brune par la décompofition du vitriol martial ; cela vient de ce que ces fubftances contenoient une matière graffe qui a reftitué au fer un peu de phlogiftique ; de-là cette couleur d'un jaune-brun qu'ont ordinairement ces mines de fer terreufes figurées.

Ces mines expofées au feu, y prennent une couleur noirâtre, & n'y deviennent point d'un brun-rouge comme l'ochre jaune.

Toutes les mines de fer terreufes produifent,

(g) Ces mines de fer terreufes qu'on nomme auffi *limonneufes*, produifent par la réduction, depuis trente jufqu'à quarante livres de fer aigre par quintal.

par la distillation, une quantité d'eau assez considérable; toutes contiennent du fer & du zinc,
& souvent de la terre argileuse: elles ne donnent,
par la fonte, qu'un fer aigre & cassant dans le
rapport de trente à quarante livres par quintal.

Analyse de la mine de Fer terreuse sphéroïdale, de Castel dans le pays de Saarbruck.

Cette mine de fer terreuse est en gâteaux ou
en petites masses sphéroïdales, composées de
différentes couches d'un jaune-brunâtre, & souvent en forme de *ludus* cloisonné; nous avons
trouvé, M. de Romé de l'Isle & moi, quelques-
uns de ces gâteaux de mine de fer de Castel,
qui contenoient de la pyrite martiale, de la
blende, &c. dans leur centre; mais ce qu'il y
a de plus remarquable, c'est qu'en les cassant
de manière à n'enlever que les premières couches, on trouve leur milieu rempli de prismes
polihèdres irréguliers, appliqués les uns contre
les autres; ces prismes, qui sont de même
nature que les gâteaux, n'ont presque point
d'adhérence entre eux. M. de Romé de l'Isle
a dans sa collection, un de ces gâteaux, lequel
imite en petit l'assemblage des prismes de basalte

de la chauſſée des Géans; ces priſmes polygones nous paroiſſent s'être formés dans cette
mine de fer , par le retrait qu'a éprouvé, en
féchant, la terre argileuſe qui s'y rencontre.
J'ai des gâteaux de la même mine de Caſtel ,
dont les priſmes intérieurs ſont ſéparés les uns
des autres par des cloiſons gypſeuſes.

Si l'on met cette mine dans de l'eau , elle
l'abſorbe avec bruit , & il s'en dégage de l'air ,
mais elle ſe laiſſe pénétrer par l'eau ſans s'y
diviſer.

Par la diſtillation de la mine de fer en gâteaux , j'en ai retiré par quintal, douze livres
d'eau inſipide & inodore ; le réſidu étoit d'un
rouge - brun , & en partie attirable par l'aimant.

Si l'on expoſe cette mine au feu dans un
creuſet , elle y prend une couleur rouge de
grenade, & par un feu un peu plus fort, elle
produit un émail noir.

Par la réduction , j'ai obtenu d'un quintal
de cette mine, quarante livres d'un fer aigre
& fragile, par le zinc qu'il contient.

DIXIÈME ESPÈCE.

Hématite ou *Stalactite de Terre martiale.*

La terre martiale rouge ou brune, produite par la décomposition des pyrites, étant chariée par les eaux, forme un *gurh* qui s'infiltre dans les cavités souterreines, l'eau en s'évaporant dépose les molécules de terre martiale qu'elle tenoit suspendues ; de-là résultent des stalactites & stalagmites martiales, dont la forme varie à l'infini.

L'analyse de ces stalactites martiales, démontre qu'on peut les réduire à deux variétés principales, la rouge & la brune.

PREMIÈRE VARIÉTÉ.

Salactite martiale rouge & compacte, Hématite ou *Sanguine.*

Cette mine de fer tire son nom de sa couleur rouge; on en trouve de fibreuses qui sont ordinairement mamelonnées, & d'autres qui sont absolument compactes. L'hématite est pour l'ordinaire très-dure; lorsqu'elle est réduite en poudre, elle est d'un rouge sanguin des plus vifs.

On taille l'hématite dure en petits cones
aplatis,

aplatis, qu'on nomme *brunissoirs*, parce qu'ils servent à brunir l'or en feuilles.

L'hématite tendre se vend dans le commerce sous le nom de *sanguine à crayon*. Voyez ci-après l'*Espèce XI*.

Ce minéral ne produit, par la distillation, que quelques gouttes d'eau par once, tandis que la stalactite martiale brune, qu'on a aussi désignée sous le nom d'*hématite*, en produit au moins un huitième de son poids.

L'hématite m'a donné par la réduction, cinquante-quatre livres par quintal, d'un fer très-ductile; celles dont j'ai fait l'essai ne m'ont point paru contenir de zinc comme les autres mines de fer terreuses.

M. de Romé de l'Isle cite dans sa Description des Minéraux, une *hématite pourpre grivelée*, ainsi nommée, de ce qu'elle imite le plumage de la grive ou de l'étourneau par des veines en zigzag fines & serrées, d'une nuance plus claire que le fond.

DEUXIÈME VARIÉTÉ.

Stalactite martiale brune, dite Hématite noire.

Je crois que cette mine de fer ne devroit pas porter le nom d'*hématite*, puisqu'elle n'est point rouge.

C'est une stalactite de terre martiale, encore plus variée dans sa forme *(h)* que la précédente; elle est ordinairement d'un brun plus ou moins foncé, & quelquefois noire, mais elle n'est pas pour cela sensiblement attirable par l'aimant.

Cette mine de fer, quoiqu'elle ait la même origine que l'hématite, est beaucoup moins dure, parce qu'elle contient plus d'un huitième de son poids d'eau; il suffit pour extraire cette eau, de réduire la mine en poudre & de la distiller au fourneau de réverbère dans une cornue de verre lutée; on trouve dans le récipient de l'eau claire, insipide, inodore, & parfaitement pure : le résidu de la distillation est rougeâtre.

Cette stalactite martiale brune m'a produit, par la réduction, cinquante-huit livres par quintal, de fer ductile.

Il y a de ces stalactites martiales noires, dont la surface est brillante & comme vernissée.

***

(h) Voyez la *Description de Minéraux* de M. de Romé de l'Isle.

ONZIÈME ESPÈCE.

Mine de Fer rouge micacée, Hématite friable en paillettes ; Eisenram.

Cette mine qui est d'un rouge de diverses nuances, est friable & douce au toucher comme la molybdène ; on la trouve souvent en petits feuillets talqueux & brillans. M. Woulf, de la Société royale, m'en a donné de cette espèce qui contenoit de petits globules d'hématite ; elle est d'Écosse.

J'ai retiré, par la réduction de cette mine de fer rouge micacée, trente-six livres par quintal, de fer ductile.

Les prismes quarrés qu'on emploie pour dessiner, & qu'on nomme *crayon rouge*, ne sont qu'un mélange naturel d'*eisenram* & d'argile.

DOUZIÈME ESPÈCE.

Mine de Fer spongieuse brune.

C'est un *gurh* ferrugineux ou une espèce de *fleur de fer* très-friable, douce au toucher, qui tantôt forme des masses cellulaires d'une légèreté singulière, tantôt incruste, sous la forme d'une efflorescence granuleuse, la surface &

les interstices de certaines hématites, ainsi que l'a indiqué M. de Romé de l'Isle, qui par cette raison, lui a donné le nom de *fleurs d'hématite.*

Cette mine étant torréfiée devient noire & attirable par l'aimant ; elle produit par quintal, quarante-trois livres de fer ductile.

TREIZIÈME ESPÈCE.

Fer minéralisé par l'Acide marin , Mine de Fer spathique.

Le fer minéralisé par l'acide marin est très-commun ; on en trouve presque par-tout. Les Minéralogistes lui ont donné le nom de *fer spathique*, parce qu'il ressemble à du spath. Des expériences nombreuses sur cette espèce de mine, m'ont fait connoître que c'étoit un sel neutre, formé de fer & d'acide marin, mais rendu insoluble par une matière grasse.

Les divers Auteurs qui ont parlé du fer spathique, n'ont point déterminé ce qui servoit à le minéraliser. M. Suenon Rinman, dans ses *Remarques sur les Terres & Pierres ferrugineuses* (i), rapporte, que la mine de fer blanche

____

(i) Voyez *le tome XVI* des Mémoires de l'Académie royale de Stockolm, *année 1754* ; & l'Abrégé de ces Mémoires, *traduction françoise, tome I, page 322.*

perd, par la calcination, quarante-trois livres de son poids par quintal, & que ce déchet n'est autre chose qu'une liqueur acide, sans odeur, qui s'élève par la distillation.

La mine de fer spathique se trouve ordinairement en grandes masses composées de lames ou feuillets qui se séparent en cubes rhomboïdaux, comme le spath calcaire. Celle qu'on trouve dans les mines de la vallée de Baigorri en basse Navarre, est cristallisée en crêtes arrondies, blanches & brillantes, disposées irrégulièrement. Ces cristaux ont quelquefois sept lignes de diamètre, & leurs bords amincis sont renflés dans le milieu comme une lentille; ils sont composés d'un amas de petits feuillets quarrés & transparens.

Quoique toutes les mines de fer spathiques soient formées d'acide marin, de fer & de zinc, elles varient par leur couleur; celles de Baigorri & de Bergame sont blanches, & se trouvent avec la mine d'argent grise & la pyrite cuivreuse. La mine de fer spathique de Bendorf dans l'électorat de Trèves, est rouge, parce qu'il s'y rencontre de l'ochre rouge interposée entre les lames demi-transparentes de ses cristaux. Celle d'Allevard en Dauphiné, de même que celle des Pyrénées, est blanchâtre, quelquefois jaune, & souvent brune.

La mine de fer spathique blanche, devient brune du côté où elle a été exposée à l'air libre, tandis que l'autre reste blanc ; le côté qui a changé de couleur, est beaucoup moins dur que le blanc, lequel fait souvent feu avec le briquet.

J'ai des mines de fer spathiques altérées au point d'être devenues totalement noires ; ces dernières, ainsi que les brunes, ne fournissent plus d'acide marin par la distillation, & rendent plus de fer par la réduction. Les Mineurs appellent cette mine altérée, *mine fine* ou *mine douce*.

Le sel marin martial qu'on obtient, en distillant ensemble parties égales de sel ammoniac & de limaille d'acier, est en rapport avec le fer spathique par ses propriétés ; ses cristaux qui sont blancs, feuilletés & demi-transparens, étant exposés à l'air, y prennent une teinte jaunâtre ; quelque temps après ils deviennent bruns, augmentent de volume, & perdent de leur consistance.

Si l'on expose au feu la mine de fer spathique réduite en morceaux, elle décrépite & se divise en parcelles, qui sont jetées çà & là, si l'on n'a pas soin de bien couvrir le creuset où on la calcine ; lorsqu'on veut séparer de cette mine tout l'acide marin qu'elle contient, il faut l'exposer à un feu assez fort pour la faire rougir ; on trouve alors au fond du creuset de petits cubes rhomboïdaux noirs & attirables par l'aimant ; la mine de fer spathique blanche perd dans cette calcination, trente-huit livres par quintal : c'est l'acide marin qui se dégage alors, comme on le verra, par l'analyse de la mine de fer spathique de Bergame, que je donnerai pour exemple, parce qu'elle est très-pure & très-blanche.

Il est aisé de se convaincre qu'il entre une matière grasse dans la mine de fer spathique, qui, comme je l'ai déjà dit, est une combinaison saline du fer avec l'acide marin : il ne faut pour cela que distiller cette mine avec de l'acide vitriolique concentré, lequel devient sulfureux en s'unissant au phlogistique de cette matière grasse.

Celle-ci diffère du phlogistique, mais elle peut en produire lorsqu'elle a été décomposée par le feu ; si le phlogistique étoit uni au fer dans la mine spathique, elle seroit noire & attirable par l'aimant ; or, elle n'acquiert ces propriétés qu'après avoir été calcinée *(k)*.

______

(k) M. Bayen dans l'Analyse qu'il a donnée de la mine de fer spathique, dit que le fer y est minéralisé par *du gas*, & que

D'ailleurs l'expérience m'a démontré que toutes
les fois qu'une substance métallique étoit à l'état
salin, elle contenoit toujours une quantité plus
ou moins grande de matière grasse, de la nature
de celle qui se trouve dans les cristaux de sels
artificiels & dans les eaux mères.

La mine de fer spathique n'est point exploitée
de la même manière dans tous les endroits où
elle se rencontre; à Allevard en Dauphiné, on
torréfie cette mine, & on la laisse exposée
à l'air durant quelques mois; on la porte ensuite
au fourneau pour être fondue avec le charbon
& la castine; on en tire un fer excellent qu'on
emploie dans tout le Forès, & qui a fait la
réputation des instrumens qu'on y prépare,
mais sur-tout des *Eustache Dubois*, dont on
vante les lames *(l)*.

---

dans cette mine le fer est à l'état métallique : mais Vanhelmont ayant admis plusieurs espèces de *gas*, tel que le *gas*
septique, le *gas* salin, le *gas* terrestre, le *gas* des eaux minérales, le *gas* des fermentations vineuses & acéteuses, M.
Bayen n'auroit-il pas dû spécifier la nature du gas qui, suivant lui, minéralise le fer spathique, & nous apprendre enfin
ce que c'est que le gas!

(l) On a donné le nom de *mine d'acier* au fer spathique,
parce que le fer que fournit ce minéral, est quelquefois aussi
pur que l'acier.

Ceux qui exploitent la mine de fer spathique rouge de Bendorf, à deux lieues de Coblentz sur les bords du Rhin, ne la calcinent point avant de la porter au fourneau, ils ont seulement la précaution de rejeter les morceaux qui contiennent de la pyrite; il paroît en effet que la torréfaction n'est essentielle à cette mine que lorsqu'elle est tellement mélangée de pyrites qu'on ne peut l'en dégager autrement.

Dans les fameuses mines de fer spathiques d'Eisenartz en Styrie, on ne fait aussi subir le grillage qu'à une partie du minerai, mais on y est dans l'usage de le laisser exposé à l'air un certain nombre d'années avant que de le fondre; de blanc & dur qu'il étoit, il devient avec le temps noir & friable, & les Mineurs disent alors qu'il est mûr.

Les mines de fer spathiques peuvent être réduites aux trois variétés suivantes.

PREMIÈRE VARIÉTÉ.

Mine de fer spathique blanche.

Elle est compacte, demi-transparente, & cristallise en rhomboïdes comme le spath calcaire; j'ai vu de la mine de fer spathique blanchâtre qui étoit cellulaire & légère comme une lave poreuse.

DEUXIÈME VARIÉTÉ.

Mine de Fer chatoyante d'un gris verdâtre.

Elle se trouve ordinairement en masses irrégulières, compactes & grenues ; on voit des hématites brunes qui renferment dans leurs cavités de petits cristaux de fer spathique, qui sont lenticulaires, rouges, transparens & chatoyans.

TROISIÈME VARIÉTÉ.

Mine de Fer spathique brune ou noirâtre.

Cette mine est, comme on l'a dit ci-dessus, une décomposition des précédentes ; souvent elle en conserve la forme, mais elle ne contient plus, ou du moins très-peu d'acide marin ; elle est presque à l'état de mine de fer hépatique.

Analyse de la mine de Fer spathique blanche, de Bergame en Italie.

Cette mine est blanche, compacte, très-solide & composée de lames rhomboïdales, comme le spath calcaire ; on remarque dans sa fracture de petites parties jaunes & brillantes de pyrites cuivreuses, & de la mine d'argent grise , cristallisée en pyramides triangulaires , en quoi ce fer spathique ressemble à celui de Baigorri en basse Navarre.

Pour extraire l'acide marin de cette mine , je l'ai soumise à la distillation dans des cornues de verre lutées ; ayant tenu les cornues rouges pendant trois heures , il s'est dégagé de l'acide marin volatil , lequel s'est combiné avec les alkalis que j'avois mis dans les récipiens ; douze heures après j'ai trouvé dans celui qui contenoit de l'alkali fixe , des cristaux cubiques de *sel fébrifuge spathique* , & dans celui où j'avois mis de l'esprit alkali volatil saturé , des cristaux de *sel ammoniac spathique* ; le résidu de la distillation étoit noir , attirable par l'aimant , & pesoit un tiers de moins que la mine que j'avois employée.

Ayant torréfié six cents grains de cette mine distillée , après deux heures de calcination , ils ont pris une couleur rougeâtre *(m)* , & ont augmenté , en pesanteur absolue , de trois livres

---

(m) Cette mine ne prend une couleur rougeâtre dans la torréfaction , que par la décomposition de la matière charbonneuse provenue de la distillation & par la modification qu'éprouve le fer , en passant de l'état métallique à l'état de chaux.

par quintal : ayant ensuite fondu dans un creuset brasqué un quintal de cette mine torréfiée , avec deux parties de verre de borax , j'ai obtenu un culot de fer arrondi & cristallisé , dont l'extrémité étoit terminée par un petit grain d'argent. J'ai trouvé par la réduction , que le quintal de cette mine de fer spathique rendoit environ le tiers de son poids d'un régule de fer aigre , lequel ayant été chauffé & forgé à plusieurs reprises , est encore diminué d'un tiers avant de devenir ductile.

L'expérience suivante fait connoître que c'est au zinc contenu dans cette mine , que le fer doit son défaut de ductilité ; ce demi-métal s'y trouve même en très-grande quantité , puisqu'elle ne contient par quintal ,

Acide marin..............	43 livres.
Fer.................	25.
Quartz.............	5.
Cuivre & Argent......	"
TOTAL.......	73.

Les vingt - sept livres qui manquent pour compléter le quintal , sont pour la plus grande partie le poids du zinc , car la quantité d'argent & de cuivre est trop petite , pour pouvoir être évaluée.

Ayant diftillé deux onces quarante-huit grains (ou douze cents grains) de cette mine de fer fpathique, avec quatre onces d'huile de vitriol, il a paffé de l'acide marin volatil, de l'acide fulfureux & de l'acide vitriolique; le réfidu de la diftillation qui étoit blanc & fec, pefoit trois onces, c'eft-à-dire, un tiers de plus que la mine que j'avois employée; ce réfidu, à l'excep-tion du quartz qu'il contenoit, s'eft diffout dans l'eau diftillée; cette diffolution étoit d'un vert rougeâtre; elle a donné, par l'évaporation, des criftaux blancs de vitriol de zinc en prifmes tétra-hèdres & du vitriol martial; la diffolution de ces deux fels, étant rapprochée & refroidie, forme une maffe jaunâtre mamelonnée, mais en la diffol-vant de nouveau dans l'eau, on obtient par l'éva-poration infenfible, du vitriol de zinc en beaux criftaux blancs, prifmatiques, quadrangulaires : le vitriol martial ne criftallife qu'après, & il eft même affez difficile de l'obtenir en beaux crif-taux, à caufe du zinc dont il eft mêlé.

Après avoir fcorifié cette mine de fer fpa-thique calcinée, j'ai coupellé le plomb d'œuvre, & n'en ai retiré qu'une minicule d'argent.

Quatorzième espèce.

Mine de Fer blanche arsenicale.

Quoiqu'on puisse à juste titre donner au mispickel *(n)*, le nom de mine de fer blanche arsenicale, je désigne ici sous ce nom un minéral d'un gris sombre, qui pour l'ordinaire, n'affecte point de figure déterminée, & qu'on trouve souvent confondu avec la pyrite martiale.

Cette mine arsenicale varie par la quantité de fer qu'elle contient. J'en ai qui m'ont produit à l'essai trente-cinq livres de fer ductile, & d'autres qui m'en ont donné jusqu'à quarante cinq livres par quintal ; quelques-unes contenoient un peu de cobalt.

Si l'on distille ces mines de fer arsenicales, on en obtient de l'orpin & du réalgar.

Quinzième espèce.

Molybdène, Plombagine, Mica gris, onctueux, coloré par le fer.

La molybdène est grasse & onctueuse au toucher comme la stéatite ; elle colore les doigts

---

(n) Voyez ce que j'en ai dit ci-dessus à l'article de l'*Arsenic*, page 70.

& se trouve en masses irrégulières ou en seg-
mens de prismes hexagones comme le mica :
M. de l'Isle, dans un Mémoire qu'il a donné
à l'Académie des Sciences, dit que la molybdène est un mica qui contient du fer, une
matière grasse, & de l'acide marin. Ce minéral
singulier, ainsi que l'ont observé M.ᵐ Pott *(o)*
& Quist *(p)*, se dissipe en partie, lorsqu'après
avoir été réduit en poudre, on le tient sous une
moufle chauffée à blanc ; on remarque alors à
sa surface un mouvement d'ondulation qui
continue jusqu'à ce que tout le mica se soit décomposé & évaporé ; si l'on a soutenu le feu
jusqu'à ce qu'on n'aperçoive plus d'ondulation,
l'on trouve sur la moufle une poudre d'un
brun rougeâtre attirable à l'aimant ; ce résidu
n'excède pas dix à douze livres par quintal,
lesquelles après avoir été réduites, donnent un
régule de fer.

On peut tenir la molybdène exposée dans
un creuset au feu le plus violent, sans qu'elle

(o) Voyez ses Dissertations chimiques, *Examen du crayon
noir.*

(p) Dans les Mémoires de l'Académie royale de Stockolm,
pour l'année 1754.

s'y volatilife *(q)* ; l'acide marin qu'elle contient fe diffipe, & la matière graffe réduite en charbon rend le fer de ce minéral attirable à l'aimant.

Si l'on diftille la molybdène fans intermède, comme l'a indiqué M. de l'Ifle, l'acide marin s'en dégage, fe modifie en s'uniffant à la matière graffe, & fi l'on a mis de l'huile de tartre dans le récipient, les parois en font bientôt enduites de criftaux cubiques & parallélipipèdes d'une efpèce de fel fébrifuge.

M. de l'Ifle ayant expofé au feu, dans une cuiller de fer, parties égales de nitre & de molybdène, le mélange fe bourfoufla confidérablement, & le nitre détonna à la faveur de la matière graffe : le réfidu noir & poreux contenoit l'alkali fixe du nitre mêlé avec la molybdène.

Après vingt-quatre cohobations de deux parties d'huile de vitriol, fur une de molybdène, M. de l'Ifle eft parvenu à diffoudre une portion du fer & des terres alumineufe & abforbante qu'elle contient ; l'acide eft devenu vert, & a produit par l'évaporation, de la félénite, du vitriol martial & de l'alun en criftaux octahédres.

(q) On fait avec la molybdène & l'argile des creufets qui réfiftent à la plus grande intenfité du feu.

Il n'y a,

Il n'y a, par ces cohobations, qu'une partie de la molybdène qui soit décomposée, celle qui reste est onctueuse & noirâtre.

Il résulte de ces expériences, que la molybdène contient de l'acide marin, une matière grasse, de la terre absorbante, de la terre alumineuse & du fer. La molybdène accompagne souvent les mines d'étain ; celle que j'avois analysée contenoit une légère portion de ce métal, & c'est ce qui m'avoit porté à la ranger dans la première édition de cet Ouvrage, à la suite des mines d'étain. M. Cronstedt regarde aussi cette substance comme un étain minéralisé par le soufre.

On prépare avec la molybdène, réduite en poudre impalpable, le crayon nommé *mine de plomb* ; après avoir mêlé cette molybdène avec de l'eau gommée, on la verse dans des moules de différentes formes, l'eau s'évapore, & les molécules de molybdène prennent de la cohérence entre elles au moyen de la gomme.

Seizième espèce.

Mine de Fer noire compacte & feuilletée, Wolfram.

Il ne faut pas confondre ce minéral singulier

avec les schorls noirs striés, dont j'ai parlé à l'article des basaltes, *tome I, page 205, Espèce 3*. Il en diffère par sa pesanteur bien plus considérable, & par son tissu feuilleté, quelquefois recouvert d'un schorl blanc, lequel est aussi feuilleté.

Le *wolfram* ne contient ni soufre ni arsénic, le fer s'y trouve combiné avec le basalte, de manière qu'il n'est point attirable par l'aimant, quoique cette substance contienne plus de fer que le *trapp* (r), elle ne se vitrifie point à un feu violent.

Le *wolfram* est assez commun dans les mines d'étain de Saxe & de Bohème, & a quelquefois été pris pour une mine de ce métal ; les morceaux dont j'ai fait l'essai ne contenoient point d'étain, & m'ont rendu quarante livres de fer aigre par quintal.

DIX-SEPTIÈME ESPÈCE.

Mine de Fer figurée.

On a donné ce nom à des mines de fer qui affectent différentes formes de végétaux ou de corps marins ; ces mines, ordinairement pyriteuses ou à l'état de fer hépatique, & même

---

(r) Voyez ce qui a été dit de cette pierre dans le premier tome de ces *Élémens, page 215*.

ochracé, font tantôt des fchiftes gris ou noirâtres, où l'on diftingue des impreffions de fougéres ou de poiffons ; tantôt ce font des maffes de teftacées ou de polypiers prefque entièrement converties en fer ; les unes & les autres rendent depuis trente jufqu'à trente-cinq livres de fer ductile par quintal.

On rencontre fouvent dans l'intérieur de la terre des bois qui y ont féjourné l'efpace de plufieurs fiècles, fans y avoir éprouvé d'autre altération que d'y être devenus noirs ; cet effet eft produit par le vitriol martial qui, décompofé par la matière extractive, aftringente de ces mêmes bois, y a dépofé le fer qu'il contenoit. C'eft le fer introduit dans les pores de ces fubftances ligneufes qui leur donne une belle couleur noire, & les met dans le cas de ne plus s'altérer ; ces bois devenus plus fragiles, n'ont point perdu pour cela leur propriété combuftible : on en trouve d'autres prefque entièrement pyritifés, qui fe décompofent très-facilement à l'air libre, & d'autres où la partie décompofée contient, outre le bois pétrifié, du bois encore combuftible, du vitriol martial & des criftaux de quartz. On voit un très-gros morceau de cette efpèce dans le Cabinet de M. le Comte d'Angivillers.

DIX-HUITIÈME ESPÈCE,

Bleu de Pruſſe natif, Terre martiale colorée en bleu par l'Alkali volatil.

Cronſtedt eſt le premier Minéralogiſte qui ait fait mention du *bleu de Pruſſe natif*. M. Woulfe, de la Société royale de Londres, m'en a donné qui venoit d'Écoſſe, où il ſe trouve en poudre très-fine à la ſurface de la terre ; M. Daubenton m'a fait part de celui qu'il avoit reçu de Sibérie, & j'en ai rencontré dans de la tourbe de Picardie.

La couleur du bleu de Pruſſe natif d'Écoſſe, reſſemble à celle du tourneſol en pain.

Les acides minéraux décolorent très-promptement le bleu de Pruſſe natif; on trouve alors au fond du vaſe une terre martiale brunâtre, mais l'acide nitreux le diſſout en entier avec efferveſcence *(ſ)* ; il réſulte de ces expériences, que le principe colorant eſt beaucoup moins inhérent au bleu de Pruſſe natif, qu'au bleu

____

(ſ) La belle couleur bleue de l'indigo, que l'acide vitriolique, l'acide marin & l'acide végétal, n'altèrent point, ſe décompoſe avec efferveſcence dans l'acide nitreux, & il reſte de l'ochre au fond du vaſe,

de Pruſſe artificiel ; en effet, les acides avivent la couleur de ce dernier loin de l'altérer.

Ce bleu de Pruſſe natif, mis en digeſtion dans des alkalis étendus d'eau, y perd auſſi ſa couleur ; il ne reſte au fond du vaſe qu'une terre martiale brune ; ſi l'on ſublime une partie de bleu de Pruſſe natif, avec quatre parties de ſel ammoniac ; ce ſel prend une belle couleur jaune ; de la teinture de noix de gale miſe dans ſa diſſolution, on fait de l'encre.

Le bleu de Pruſſe natif me paroît devoir ſon origine à des végétaux altérés par la putréfaction : c'eſt une eſpèce d'indigo naturel, puiſqu'il ne diffère de cette fécule qu'en ce qu'il eſt ſoluble dans l'acide nitreux.

Le bleu de Pruſſe natif donne par la diſtilla-tion de l'alkali volatil & un peu d'huile ; le réſidu eſt noirâtre & devient rouge par la calcination. Cette terre martiale bleue, me paroît être de la même nature que celle de Beuthnitz dans la baſſe Siléſie, dont M. Brandes a donné l'analyſe à l'Académie de Berlin en 1757 *(t)*. La terre martiale de Beuthnitz eſt d'un bleu

---

(t) Le Mémoire a pour titre, *Recherches Chimiques ſur la terre de Beuthnitz, par M. Brandes.*

Voyez Collect. acad. part. étrang. *tome IX, page 320.*

cendré ; & se trouve déposée par couches de trois ou quatre pieds, sous l'*humus* d'un endroit marécageux. Cette terre bleue étant mêlée avec beaucoup de matières végétales de couleur grise, il faut la laver pour l'obtenir pure. M. Brandes dit qu'une once de cette terre bien lessivée ne donne que deux gros d'un bleu fin ; ce même Physicien a déterminé la présence de l'acide marin dans la lessive de cette terre bleue de Beuthnitz, en y versant de la dissolution de nitre lunaire, qui précipita de l'argent corné.

M. Brandes a retiré, par la distillation d'une once de cette terre martiale bleue, quelques gouttes d'huile empyreumatique, & deux gros quarante-huit grains d'alkali volatil, lequel faisoit effervescence avec les acides ; le résidu de cette distillation étoit noirâtre, & pesoit cinq gros vingt-quatre grains ; par la calcination, il devint d'un beau rouge-clair, & perdit quarante-huit grains de son poids.

M. Brandes a aussi reconnu que l'acide nitreux dissolvoit plus complètement que les autres acides, la terre martiale bleue de Beuthnitz.

Beccher parle dans sa Physique souterreine *(u)*, d'une terre bleue, qu'on tire de

____

(u) Phys. Subterr. edit. Lips. 1703, pag. 471.

Thuringe. Henckel *(x)* nous apprend aussi qu'on trouve près de la surface de la terre, entre Schnéeberg & Cibenstock, une terre bleue qui ne contient point de cuivre, mais qui est ferrugineuse, légére & insipide, & qui produit par la distillation un liquide dont l'odeur tire sur l'esprit d'urine.

TABLE des différentes mines de Fer relativement à leur produit.

Rend par quintal,	Fer aigre ou de Fonte	Fer ductile.
Fer vierge ou natif..............	//	96 livres.
Mine de Fer noirâtre attirable....	//	78 à 80.
Aimant.......................	//	75.
Mine de Fer octahèdre..........	//	65.
Stalactite martiale brune........	//	58.
Hématite ou Sanguine...........	//	54.
Mine de Fer spéculaire. ⎫ Mine Micacée grise... ⎭	//	50.
Mine de Fer spongieuse brune....	//	43.
Mine Micacée rouge............	//	36.
Mine de Fer arsénicale..........	48	35.
Mine de Fer figurée............	48	30 à 35.
Pyrite martiale....... ⎫ Mine de Fer hépatique. ⎭	45	30.

(x) In Act. Physico-medicis Acad. N. C. *vol 5. ann. 1740, pag. 325.*

Rend par quintal,	*Fer aigre* ou *de Fonte.*	*Fer ductile.*
Mine de Fer spathique.............	40......	25 livres.
Mine de Fer limonneuse........	30 à 40..	20.
Wolfram...................	40........	
Émeril....................		12.
Molybdène.................		6.

Pour déterminer la quantité de métal contenue dans ces différentes mines, je les fond dans un creuset brasqué, en mêlant deux parties de verre de borax, avec une partie de mine torréfiée ; ces essais demandent un feu très-considérable pendant un quart-d'heure ; lorsqu'ils ont bien réussi, le culot de fer est rond, cristallisé à sa surface, & la scorie vitreuse n'est presque point colorée. Durant cette opération, il se volatilise toujours un peu de fer à la faveur du zinc, lorsque ces mines en contiennent. Il est aisé de le reconnoître en couvrant le creuset d'essai avec un autre creuset (y), & en lutant leurs interstices : le creuset supérieur se trouve après la fonte enduit d'un verre noirâtre, de l'épaisseur d'un quart de ligne.

(y) J'emploie toujours dans ces essais des creusets de Hesse : ceux que préparent nos fournalistes, seroient fondus avant d'avoir éprouvé le degré de feu qui fond le fer.

CUIVRE.

Le cuivre eſt un métal rouge très-ductile, dont l'odeur & la ſaveur ſont nauſéabondes : expoſé au feu, il rougit long-temps avant que de fondre ; lorſqu'il eſt bien fondu, il bout, & ſe diſſipe alors en partie, ſous la forme d'une fumée qui teint en bleu-verdâtre *(z)* la flamme des charbons. Si le cuivre reſte long-temps expoſé à un degré de chaleur propre à le tenir rouge, il ſe calcine, & ſe réduit en une poudre noirâtre, qui, expoſée à un feu violent dans un creuſet, produit un émail brun-chatoyant.

Le cuivre ne peut point être granulé comme les autres ſubſtances métalliques ; car ſi l'on verſoit dans de l'eau du cuivre en fuſion, il ſe feroit une exploſion terrible & très-dangereuſe.

Ce métal expoſé à l'air libre, s'y rouille en verd ; de-là ce bel enduit qui recouvre les ſtatues & les médailles antiques, & que les Antiquaires ont déſigné ſous le nom de *patine*. C'eſt une eſpèce de malachite, qui acquiert avec le temps, une ſi grande dureté, qu'elle réſiſte au burin,

---

(z) Un mélange de parties égales de ſel ammoniac, de verd-de-gris & de charbon, étant jeté dans le feu, donne à la flamme une belle couleur verte mêlée de violet.

mais elle est soluble dans tous les acides, & dans l'alkali volatil.

Le vernis gras *(a)* étant dissous dans trois parties d'huile de térébenthine, & ensuite appliqué à la surface du cuivre *(b)*, y forme un enduit qui empêche l'eau & les acides d'attaquer le métal. C'est ce même vernis qui, lorsqu'on l'applique à chaud sur le cuivre jaune, le colore en brun, comme on le voit dans les figures qu'on nomme *bronzées*.

Le cuivre, ainsi que sa chaux, & les différens sels qui résultent de la combinaison de ce métal avec les acides ou les alkalis, sont des poisons corrosifs, qui occasionnent des vomissemens, des coliques & la mort même, si l'on n'a pas eu soin de faire prendre au malade du vinaigre *(c)* en boisson & en lavement.

(a) Le vernis gras est composé d'huile de lin, de succin & de plomb. En général, les huiles & tous les corps gras, étant chargés de phlogistique, sont très-propres à conserver celui des substances métalliques, telles que le fer & le cuivre, à la surface desquelles on applique un pareil enduit.

(b) On a soin de chauffer la pièce de métal enduite de ce vernis, pour en accélérer le desséchement, & lui donner une couleur brune.

(c) Cet acide doit être étendu d'assez d'eau pour former une boisson acidule ; on met sur chaque lavement une cuillerée de vinaigre. M. le Baron de Schœffer a fait proscrire en Suède, l'usage du cuivre pour les ustensiles de cuisine.

Le cuivre se trouve dans la terre, tantôt sous forme métallique, tantôt minéralisé par le soufre, l'arsenic, l'alkali volatil, ou la matière grasse qui résulte de l'alkali volatil décomposé.

Lorsque ce métal est combiné avec le soufre ou l'arsenic, il faut avoir recours à la torréfaction, pour en séparer ces minéralisateurs. Le cuivre, après cette opération, se trouve dans le test, sous la forme d'une chaux noirâtre : on réduit cette chaux en la fondant avec trois parties de flux noir, auquel on ajoute un peu de charbon ; mais comme le flux noir retient toujours une portion du métal, je procède autant qu'il m'est possible à cette réduction des mines de cuivre, en les faisant fondre à travers la poudre de charbon, sans employer de flux ; ce moyen réussit très-bien lorsqu'on a de la chaux de cuivre absolument pure.

L'azur de cuivre pur & la malachite, sont après le cuivre natif, les plus riches mines de ce métal, & n'ont pas besoin d'être torréfiées ; il n'en est pas de même de la mine de cuivre sulfureuse, qui exige des grillages multipliés, après lesquels elle fournit par la fusion, un cuivre sulfuré noir & fragile, qu'on nomme *matte*. On ne peut dégager de cette matte le soufre & le fer qu'elle contient, qu'en la tenant long-temps en fusion *(d)*.

Si le cuivre contient de l'argent, on fond sa matte avec du plomb, & on coule le tout en pain : cette opération se nomme *rafraîchissement du cuivre*.

Pour préparer les *pains de liquation (e)* , on met sur soixante & quinze livres de cuivre, deux cents soixante & quinze livres de plomb ; lesquelles ne sont estimées devoir extraire de cette quantité de cuivre, que neuf onces & demie d'argent ; de sorte que si le cuivre en contenoit davantage , il faudroit le rafraîchir une seconde fois avec une égale quantité de plomb.

(d) Ces fusions répétées , ont pour objet , la scorification des substances minérales étrangères au cuivre : il en résulte ce qu'on appelle le *cuivre noir*. Ce n'est qu'après avoir passé par le fourneau de rafinage , qu'il prend une couleur rouge , & qu'on l'obtient absolument pur : on le nomme alors *cuivre de rosette*.

(e) La *liquation* est l'opération par laquelle on retire le plomb qu'on a introduit dans le cuivre. On construit pour cet effet des fourneaux de réverbère , où l'on gradue le feu de manière que le cuivre n'entre point en fusion ; le plomb fondu coule avec l'argent dans la rigole.

Il faut , pour opérer convenablement la liquation , que le cuivre dont on fait usage contienne un peu de soufre.

Après la liquation, le cuivre qui reſte eſt noir & poreux : on le nomme alors *épines* ou *pains de rafraîchiſſement deſſéchés.*

Le cuivre eſt ſoluble dans tous les acides avec leſquels il forme des ſels neutres corroſifs, dont la couleur eſt bleue ou verte.

L'acide vitriolique combiné avec le cuivre, forme un vitriol bleu *(f)*, qui perd à l'air l'eau de ſa criſtalliſation, & y devient vert.

Les criſtaux du vitriol bleu, ſont des priſmes à huit pans, tronqués obliquement ; chacune des faces inférieure & ſupérieure offre un octogone irrégulier, & un petit trapéze en biſeau.

Le vitriol bleu ſe trouve naturellement dans quelques mines de cuivre, en morceaux irréguliers ou en ſtalactites ; l'eau qui tient ce vitriol en diſſolution, eſt connue ſous le nom d'*eau cémentatoire*, quoique la diſſolution du vitriol de cuivre ſoit ordinairement bleue, il peut arriver que cette eau en contienne ſi peu, que ſa couleur n'en ſoit point altérée ; on peut, dans ce cas, s'aſſurer de la préſence du cuivre, en mettant dans cette eau une lame de fer polie, à la ſurface de laquelle il n'y ait point de graiſſe ;

(f) On lui a auſſi donné les noms de vitriol de Chypre, *(vitriolum cupreum)* & de couperoſe *(cuprum eroſum.)*

alors l'acide vitriolique porte son action sur le fer, & abandonne le cuivre qui se dépose avec sa couleur & son brillant métallique à la surface de la lame de fer. Cet effet provient de ce que le cuivre étant à l'état de chaux dans la dissolution, ce métal, à mesure que l'acide porte son action sur le fer, s'empare du phlogistique, principe de la métalléité de ce dernier.

Les affinités qu'ont entre eux les principes des corps, étant relatives à la pesanteur spécifique de leurs parties constituantes, comme je l'ai démontré dans mes Mémoires de Chimie, l'acide vitriolique doit abandonner le cuivre plus pesant que le fer, & le phlogistique de ce dernier devenu libre, rendre à la terre du cuivre la métalléité, dont l'avoit privée le dissolvant.

Si l'on verse de l'alkali volatil dans une dissolution de cuivre, il se fait un précipité bleu qui ne tarde pas à s'y dissoudre, & à donner à l'eau une teinte du plus beau bleu d'azur. L'alkali volatil décèle le cuivre par-tout où ce métal se rencontre : on peut donc juger si une terre contient du cuivre, en la mettant en digestion avec de l'alkali volatil, qui dissoudra le métal, & prendra une belle couleur bleue ; cette dissolution étant évaporée lentement, produit des criſtaux bleus, connus ſous le nom de *criſtaux de cuivre azurés.*

L'acide nitreux, combiné avec le cuivre, forme un nitre bleu, deliqueſcent, qui criſtalliſe en priſmes à ſix pans terminés par des pyramides dihèdres obtuſes; ce ſel perd ſa forme, & devient fluide quand la température parvient du vingt au vingt-quatrième degré du thermomètre de Reaumur; mais quand elle revient à treize ou quatorze degrés, le nitre cuivreux criſtalliſe de nouveau, *& vice verſa (g).*

Rien n'eſt auſſi difficile que de ſaiſir l'inſtant précis de la criſtalliſation du nitre cuivreux, car au moment où ſa diſſolution ſe refroidit, elle ſe coagule en une maſſe informe. Pour obtenir des criſtaux réguliers de ce nitre, il faut, lorſqu'on aperçoit quelques criſtaux à la ſurface de ſa diſſolution, la ſurvider dans une capſule froide : en vingt ſecondes il ſe dépoſe une multitude de criſtaux ſur le fond de la capſule; on doit alors verſer la diſſolution dans une autre capſule, qui dans l'inſtant ſe trouve tapiſſée de nouveaux criſtaux : l'eau-mère de ce nitre étant encore ſurvidée, il ne lui faut qu'une ſeconde

----

(g) J'avois renfermé ce nitre de cuivre dans un flacon bien bouché,

pour fe prendre en une maffe d'un bleu verdâtre. Il eft néceffaire d'avoir au moins une livre de nitre cuivreux en diffolution, pour procéder à cette expérience. J'ai reconnu que les premiers criftaux étoient moins déliquefcens que les féconds, & ceux-ci moins que les troifièmes.

Si on laiffe à l'air libre, le nitre cuivreux, tombé en *deliquium*, il fe décompofe, & l'on trouve aux parois fupérieures du bocal, des dendrites vertes d'une élégance admirable; ces dendrites font une vraie malachite formée par la matière graffe qui réfulte du nitre cuivreux décompofé ; dans cette expérience, l'acide nitreux s'*annihile* en quelque forte, & de fa décompofition réfulte une matière graffe qui paroît être le terme de toutes les décompofitions qui arrivent aux diffolutions falines.

On peut féparer du nitre cuivreux fon acide par le moyen de la diftillation ; ce qui refte au fond de la cornue, eft une chaux de cuivre noirâtre.

La diffolution du cuivre par l'acide marin eft verte ; elle fournit par l'évaporation, des criftaux verts prifmatiques & déliquefcens.

Le vinaigre mis fur du cuivre, l'attaque & forme à fa furface une effiorefcence verte, qu'on nomme *verdet* ou *verd-de-gris* ; cette

préparation

préparation n'eſt point ſoluble dans l'eau , mais en y ajoutant du vinaigre elle s'y diſſout , & donne, par l'évaporation , de beaux criſtaux verts , tranſparens , en parallélipipèdes obliquangles , qu'on nomme dans le commerce , *criſtaux de Vénus* ou *verdet diſtillé ;* ce ſel cuivreux eſt ſoluble dans l'eau ; il effleurit à l'air & y devient opaque.

Si l'on diſtille le verdet criſtalliſé, on retire un vinaigre concentré , auquel on a donné les noms d'*eſprit de Vénus* & de *vinaigre radical ;* le réſidu de cette diſtillation eſt brun ; c'eſt une chaux de cuivre.

Le cuivre s'unit par la fuſion avec la plupart des métaux ; il exalte la couleur de l'or ; & il prend lui-même une couleur jaune ſemblable à celle de l'or , après avoir été combiné par la fuſion avec une certaine quantité de zinc ; c'eſt ce qui a fait donner à 'ce mélange métallique les noms de *ſimilor* ou d'*or de Manheim :* ſuivant les diverſes proportions de ce mélange , on l'appelle encore *laiton , pinchbeck , tombac , &c.* Ce cuivre jaune eſt plus dur & moins ductile que le cuivre rouge.

L'arſenic étant uni par la fuſion avec le cuivre , forme un mélange métallique blanc & fragile , bien plus dangereux que le cuivre.

Tome II. P

Si l'on fond dans certaine proportion de l'étain avec du cuivre, on obtient le *bronze (h)* ou le métal des cloches; par ce mélange le cuivre perd sa couleur, devient blanchâtre, sonore, fragile, & plus dur qu'il n'étoit avant.

Le mercure s'amalgame très-difficilement avec le cuivre par la voie séche, & lorsqu'on les a combinés, l'amalgame ne fournit point de cristaux. *Voyez mes Mémoires de Chimie*, page 87.

PREMIÈRE ESPÈCE.

Cuivre vierge ou *natif.*

Ce cuivre est quelquefois cristallisé, mais plus fréquemment granuleux, feuilleté, en dendrites, en grappes, en filets, en masses solides, &c. Sa couleur est ordinairement rouge comme celle du cuivre rosette, dont il a souvent la ductilité.

Il y a lieu de présumer que le cuivre vierge a été déposé par cémentation; il se trouve quelquefois avec de la terre martiale, en parties si divisées & si solides, qu'il est susceptible du poli, & qu'il ressemble à un jaspe rougeâtre; en frottant cette mine sur un caillou, elle y laisse

---

(h) Dans le bronze ou métal des canons, il entre environ un dixième d'étain.

une trace rouge semblable à celle qu'y laisseroit le cuivre rosette.

Le cuivre vierge, lorsqu'il est exposé à l'air libre, s'y altère, & prend à sa surface des couleurs bleues ou vertes ; il ne contient point d'argent, & rend par sa fusion de quatre-vingt-dix-sept à quatre-vingt-dix-huit livres de cuivre par quintal, excepté dans les cas où sa surface est recouverte d'une efflorescence bleue ou verte.

DEUXIÈME ESPÈCE.

Mine rouge de Cuivre.

Cette mine qui se trouve presque toujours avec le cuivre natif, est rouge & quelquefois transparente comme la mine d'argent rouge ; ses cristaux sont octahèdres.

Souvent la mine rouge de cuivre est opaque & striée ; alors sa couleur est celle du cinabre, & on la nomme *fleurs de cuivre.*

Cette mine produit depuis soixante jusqu'à soixante & dix livres de cuivre, par quintal ; on n'a point encore indiqué ce qui concouroit à donner de la transparence à ses cristaux, mais ce qu'il y a de certain, c'est que les métaux ne deviennent transparens que quand ils sont à l'état falin , & par conféquent à l'état de chaux *(i)* ; or , comme l'a dit M. de Romé de l'Ifle dans fa *Defcription de Minéraux ,* cette mine rouge de cuivre paroît un réfultat du cuivre natif, privé d'une portion de fon phlogiftique , & tendant à fe décompofer par l'efflorefcence.

La mine rouge de cuivre expofée au feu , perd fa tranfparence , & fa couleur y devient noire ; à un feu plus violent, elle fe convertit en un émail brunâtre , tandis que le cuivre natif , au même degré de feu , fond , bout & fe calcine.

TROISIÈME ESPÈCE.

Mine de Cuivre antimoniale.

La mine de cuivre antimoniale , fulfureufe & arfenicale , eft grife comme l'antimoine crud , brillante dans fa fracture , & fufceptible d'une efflorefcence bleue & verte. Cette mine m'a été donnée par M. l'abbé Bertholon.

L'effai de cette mine , à caufe du temps qu'elle

(i) Ayant diftillé de la mine rouge de cuivre dans une cornue à laquelle j'avois adapté un récipient avec de l'huile de tartre, j'ai trouvé fur les parois du récipient , des criftaux cubiques. J'ai une fonte de cuivre dans laquelle fe trouvent des criftaux octahèdres rouges & tranfparens : en ployant une verge de cuivre rouge , il en fort une pouffière rouge.

exige pour fa torréfaction, eſt beaucoup plus difficile à faire que celui de la mine de cuivre griſe ; la première ſe fond d'abord très-aiſément, & devient fluide comme l'eau au degré de cha-leur convenable, pour en ſéparer le ſoufre & l'arſenic ; durant cette torréfaction qui eſt très-longue *(k)*, il ſe dégage de l'acide ſulfureux, puis de l'arſenic, & enfin de l'acide ſulfureux : ce qui reſte dans le teſt eſt brunâtre & reſſemble à des ſcories ; c'eſt une matte vitreuſe compoſée de cuivre, d'antimoine & d'un peu de ſoufre.

La mine de cuivre antimoniale, après avoir été torréfiée, peſoit un tiers de moins ; fondue avec trois parties de flux noir, elle a donné par quintal de minéral, trente livres d'un régule gris & fragile, compoſé d'antimoine & de cuivre ; en forgeant ce régule, une partie de l'anti-moine s'eſt ſéparée, ſous la forme d'une poudre griſe *(l)* : le cuivre qui reſtoit étoit gris, peu ductile, & tenoit encore de l'antimoine.

(k) Pour calciner ſix cents grains de cette mine, il m'a fallu continuer le feu pendant vingt heures : elle ne s'eſt réduite en ſcories ſolides qu'au bout de quinze heures ; du-rant tout ce temps, la partie fondue occupoit le centre du teſt, tandis que la partie ſcorifiée étoit rejetée ſur les bords.

(l) Cette poudre ayant été fondue, m'a produit un culot de régule d'antimoine,

Ayant coupellé ce régule avec douze parties de plomb ; je n'ai point obtenu d'argent.

L'analyse de cette même mine par la voie humide, m'a paru propre à faire connoître exactement quelles sont ses parties constituantes.

Huit parties d'acide nitreux précipité, versées sur une partie de mine de cuivre antimoniale pulvérisée, l'attaquent avec une vive effervescence, & en dégagent des vapeurs rutilantes; le cuivre se dissout, & cette dissolution prend une couleur bleue : on trouve au fond du vase une poudre blanchâtre qui contient du soufre, de l'arsenic & de la chaux d'antimoine. Ce résidu desséché, fait connoître qu'il est resté dans la dissolution vingt-quatre livres de cuivre, lesquelles étoient combinées dans cette mine avec l'antimoine, le soufre & l'arsenic, qu'on trouve au fond du vase.

Si l'on distille ce résidu dans une cornue, il se sublime un peu d'orpin. La poudre blanchâtre qui reste au fond de la cornue, n'a presque rien perdu de son poids; l'ayant mise en digestion avec de l'alkali volatil, elle n'a donné aucun indice de cuivre; j'ai remarqué aussi qu'une partie de cette poudre, exposée au feu le plus violent, n'avoit pas sensiblement diminué de poids.

Une partie de cette chaux blanche d'antimoine ayant été fondue avec quatre parties de
verre blanc, elle ne s'y est pas plus vitrifiée que
n'avoit fait l'antimoine diaphorétique, & j'ai
obtenu un émail blanc.

Dans la distillation de trois cents grains de
mine de cuivre antimoniale, avec trois fois leur
poids d'huile de vitriol, il a passé de l'acide
vitriolique sulfureux ; puis il s'est sublimé du
soufre citrin ; ce qui restoit dans la cornue étoit
lilas *(m)* : ayant versé de l'eau sur ce résidu,
il s'est excité beaucoup de chaleur, la dissolution est devenue bleue, & il s'est précipité un
vitriol d'antimoine blanchâtre.

Il résulte de ces expériences, que la mine
dont il s'agit, contient par quintal.

Cuivre..............	20 livres.
Antimoine..........	70.
Soufre.............	9.
Arsenic............	1.
TOTAL.....	100.

(m) Cette couleur est dûe au vitriol de cuivre privé de l'eau
de sa cristallisation.

P iv

QUATRIÈME ESPÈCE.

Mine de Cuivre grise.

Cette mine grise diffère de celle qui précède par sa couleur, son tissu, & par les substances qu'elle renferme. Elle est d'un gris plus ou moins foncé, mais moins brillante dans sa fracture que la précédente, elle est aussi moins fragile : elle ne devient pas fluide lorsqu'on l'expose au feu pour la torréfier, & après cette opération, elle laisse une poudre noirâtre en partie attirable par l'aimant.

Les morceaux de cette mine dont j'ai fait l'essai, m'ont produit au quintal,

Cuivre.	33 livres.
Fer.	36.
Soufre.	27.
Arsenic.	3.
Argent *(n)*	10 onces.
TOTAL. . . .	99. liv. 10 onces.

(n) La quantité d'argent varie dans les mines de cuivre grises, il s'en trouve même qui n'en contiennent point du tout.

CINQUIÈME ESPÈCE.

Mine de Cuivre vitreuse, hépatique, violette ou azurée.

Cette mine qui est d'un brun rougeâtre, présente souvent dans sa fracture des couleurs vives & chatoyantes, violettes ou azurées; ces couleurs proviennent de l'altération qu'a éprouvé la mine de cuivre grise en passant à ce nouvel état; c'est à la dissipation du soufre & de l'arsenic qui la minéralisoient, qu'est dûe la couleur brune de cette mine que j'ai désignée sous le nom d'*hépatique*, parce qu'elle est rougeâtre comme le foie des animaux.

La mine de cuivre hépatique ne perd presque rien de son poids par la torréfaction (*o*), seulement elle devient noire, & l'aimant en attire une partie; par la réduction, j'ai obtenu un culot pesant quarante-deux livres; après en avoir séparé le fer qu'il contenoit, par la sublimation avec le sel ammoniac, j'en ai retiré trente livres de cuivre & un marc d'argent; mais ce produit n'est pas le même dans toutes les mines de cette espèce, quelques-unes m'ont

____

(*o*) Durant cette opération, si cette mine contient du soufre, il brûle, & se dissipe en acide sulfureux.

donné jusqu'à cinquante-cinq livres de cuivre, & deux onces d'argent.

SIXIÈME ESPÈCE.

Mine jaune de Cuivre.

Quand cette mine n'a éprouvé aucune altération, elle est d'un jaune vif qui tire sur la couleur de l'or; on remarque souvent à sa surface les plus belles couleurs rouges & violettes, lesquelles chatoyent en bleu & en vert, comme la gorge des pigeons; c'est ce qui lui a fait donner le nom de mine de cuivre *queue de paon* ou *gorge de pigeon.*

La mine jaune de cuivre contient toujours du fer en plus ou moins grande quantité; il y a telle de ces mines dont je n'ai retiré que dix-neuf livres de cuivre par quintal, tandis que d'autres m'en ont rendu jusqu'à quarante & une.

Le soufre qui minéralise le cuivre & le fer dans cette mine, s'y trouve en moindre quantité que dans celle qu'on connoît sous le nom de *pyrite cuivreuse.*

Quoique la mine jaune de cuivre ne perde, lors de sa torréfaction, que treize à quatorze livres par quintal, & que l'acide sulfureux se

dégage en entier durant cette opération, il ne
faut pas en conclure qu'il n'y a dans la mine
dont il s'agit, que cette quantité de soufre;
car lorsque le fer & le cuivre qu'elle contient,
passent de l'état métallique à celui de chaux,
ils augmentent en pesanteur absolue, augmentation qu'il faut déduire pour déterminer avec
justesse la quantité de soufre qui leur sert de
minéralisateur. D'après cette évaluation, le
soufre doit s'y trouver au moins dans la proportion de vingt-huit ou trente livres par
quintal.

Si l'on distille une partie de mine jaune de
cuivre, avec quatre parties d'acide vitriolique,
l'acide sulfureux passe d'abord, il se sublime
ensuite du soufre citrin, & le résidu de la
distillation lessivé produit, par l'évaporation,
du vitriol bleu mêlé de vitriol martial.

SEPTIÈME ESPÈCE.

Mine de Cuivre d'un jaune pâle; Pyrite ou Marcassite cuivreuse.

Cette mine, très-pauvre en cuivre, abonde
en soufre & en fer; j'ai essayé de ces pyrites
qui contenoient au quintal,

Soufre........... 47 livres.
Fer............. 40.
Cuivre......... 13.
TOTAL.... 100.

Dans d'autres, la quantité de cuivre étoit encore moins confidérable ; on peut s'aſſurer dans l'inſtant ſi une pyrite contient du cuivre, en y verſant, après l'avoir réduite en poudre, ſix parties d'acide nitreux précipité ; la pyrite ſe diſſout avec effervefcence, & la diſſolution ſera d'un beau vert, ſi la pyrite contient du cuivre.

On peut encore reconnoître la préſence du cuivre dans les pyrites, en mettant le réſidu de leur torréfaction en digeſtion avec l'alkali volatil ; ce menſtrue diſſout le cuivre, & prend une belle couleur bleue.

Les pyrites cuivreuſes varient par leur forme : il y en a de cubiques, d'octahèdres, de dodéca-hèdres & d'icoſahèdres ; M. de Romé de l'Iſle en poſsède de cette dernière forme : on y diſtingue vingt facettes triangulaires.

Les pyrites cuivreuſes ſont ordinairement compoſées de lames ou de feuillets brillans, & leur ſurface étant polie, peut réfléchir les objets comme une glace de miroir ; de-là le nom de *miroir des Incas*, donné à des pyrites de cette espèce, façonnées par les anciens habitans du Pérou : personne n'ignore que les marcassites, taillées à facettes, ont pour un temps l'éclat du diamant.

Les pyrites cuivreuses s'altèrent à l'air par la décomposition du soufre qu'elles contiennent ; leur surface de jaune & brillante qu'elle étoit, devient alors brune & sombre ; c'est à la mine parvenue à cet état de décomposition, que M. de Romé de l'Isle a donné le nom de *fausse mine de cuivre hépatique*, parce qu'alors elle ne contient plus que du fer & de l'eau *(p)*, & quelquefois trois à quatre livres de cuivre par quintal ; celles qui sont plus riches le doivent au cuivre, qui, en se dégageant de la pyrite, s'est précipité à sa surface & dans les interstices, sous forme de malachite solide ou striée.

HUITIÈME ESPÈCE.

Mine de Cuivre azurée, transparente ; Cristaux d'azur de Cuivre *ou* Fleurs de Cuivre bleues.

Cette mine est un sel formé par l'alkali volatil

(p) Si elle n'est pas entièrement décomposée, elle contient du soufre.

& le cuivre; ses cristaux sont des prismes tétrahèdres rhomboïdaux un peu comprimés, terminés par des sommets dihèdres; on en obtient
de semblables, en saturant de cuivre l'alkali
volatil dégagé du sel ammoniac par l'alkali fixe.
Cette dissolution se fait à froid & sans effervescence : elle est d'un bleu d'azur foncé, & elle
dépose par l'évaporation insensible des cristaux
bleus, transparens, qui ne diffèrent des naturels,
qu'en ce qu'ils sont solubles dans l'eau.

Les cristaux d'azur de cuivre se trouvent
quelquefois sous la forme de petits grains polyhèdres, souvent en lames, disposés en étoile
ou par faisceaux autour de différens centres.
Leur belle couleur s'altère & devient verte lorsque leur alkali volatil se décompose : alors la
matière grasse de cet alkali se porte sur le cuivre
& forme de la malachite : si l'on expose au feu
des cristaux d'azur de cuivre, naturels ou artificiels, l'alkali volatil devient libre, & le cuivre
reste sous forme de chaux.

Cette chaux étant fondue avec de la poussière
de charbon, produit soixante-dix à soixante-
douze livres de cuivre par quintal de ces
cristaux.

NEUVIÈME ESPÈCE.

Bleu de montagne.

C'eſt un azur de cuivre mêlé avec différentes terres, ou pierres auxquelles il communique ſa couleur.

Le bleu de montagne eſt poreux, mamelonné ou friable ; il s'altère de même que la mine précédente, & paſſe comme elle avec le temps, du bleu au vert ; il eſt d'autant moins riche en cuivre, qu'il eſt plus mélangé.

DIXIÈME ESPÈCE.

Pierre Arménienne.

C'eſt un jaſpe coloré en bleu par de l'azur de cuivre. Lorſqu'après avoir été réduit en poudre, on le met en digeſtion dans de l'alkali volatil, ce menſtrue diſſout le cuivre, & le jaſpe décoloré reſte au fond du vaſe.

La pierre arménienne ſe diſtingue aiſément du lapis par les taches vertes qu'elle préſente à ſa ſurface. De plus, elle ne ſe vitrifie point lorſqu'on l'expoſe au feu, tandis que le *lapis* produit, par ce moyen, un émail noir & cellulaire.

ONZIÈME ESPÈCE.

Turquoise, substances osseuses colorées en bleu par de l'azur de Cuivre.

M. de Reaumur *(q)* observe qu'on rend la couleur des turquoises plus décidée, en les chauffant par degrés dans des sabots de terre cuite : il ajoute qu'on ne remarque souvent à la surface de ces substances osseuses, que des points noirâtres ; mais que la chaleur les divise & les étend au point qu'il en résulte la couleur bleue la plus vive.

Les turquoises varient, non-seulement dans l'intensité de leur couleur, mais aussi dans leur dureté, ce qui dépend du degré d'altération qu'a éprouvé la substance osseuse, en passant à ce nouvel état : celle qui n'a presque point changé de nature est la plus tendre, & répand en brûlant, l'odeur de l'huile animale ; cette turquoise, dite de *nouvelle roche*, se dissout en partie dans l'acide nitreux, & ne laisse qu'un cartilage cellulaire.

Il y a même des turquoises qui se dissolvent en entier dans l'acide nitreux ; mais d'autres,

---

(q) Mémoires de l'Académie des Sciences, *année 1725.* sur les turquoises du bas Languedoc.

dites

dites de *vieille roche*, résistent à l'action de ce menstrue, qui ne fait que leur restituer leur couleur bleue; telles sont celles de Perse.

DOUZIÈME ESPÈCE.

Malachite solide ou *Mine de Cuivre verte mamelonnée.*

La malachite *(r)* est formée par une matière grasse & du cuivre *(ƒ)*, aussi la trouve-t-on dans les différens pays où il y a des mines de ce métal, dont elle est elle-même une des plus riches. On en trouve de très-belle en Sibérie. Elle se rencontre ordinairement dans les cavités des mines de cuivre pyriteuses décomposées; elle y forme des masses protubérancées plus ou moins considérables, plus ou moins compactes, lesquelles ont pris leur accroissement comme les stalactites & stalagmites.

La malachite, sans être dure, est susceptible

(r) La malachite tire son nom de sa couleur verte, qui ressemble à celle de la mauve, que les Grecs ont nommée μαλάχη.

(ƒ) M. le duc de Chaulnes a dans son Cabinet un petit vase antique de bronze, à la surface duquel se trouvent plusieurs mamelons d'une très-belle malachite, née de la décomposition qu'a éprouvée ce vase dans l'une de ses faces,

Tome II. Q

d'un poli vif; elle préfente alors des zones &
des figures accidentelles fort agréables, formées
tantôt par des couches onduleufes vertes, de
diverfes nuances, & tantôt par des couches
concentriques, dont les nuances ne font pas
moins variées. On voit dans le Cabinet du Roi
une malachite de Sibérie avec des dendrites
noires à fa furface.

Il y a des malachites compofées de fibres ou
de filets qui partent d'un centre commun pour
fe diftribuer à la circonférence; dans celles-ci
la couleur verte eft d'une feule nuance.

On fait avec la malachite divers bijoux,
fur lefquels on met un vernis pour conferver
leur poli, qui, fans cela, feroit attaqué par la
fueur & les acides.

La malachite rend, par la diftillation, près
du quart de fon poids d'eau claire, infipide &
inodore; ce qui refte dans la cornue, eft une
chaux de cuivre, dont la couleur noire provient
du charbon très-divifé, produit par la décompofition de la matière graffe que contenoit la
malachite.

Si après avoir mis un morceau de malachite
dans un creufet, l'on expofe au feu ce creufet
jufqu'à le faire rougir, la malachite fe divife
avec bruit, prend une couleur noire, & diminue

du quart de fon poids ; fi l'on augmente le feu,
elle fe change en un verre brunâtre opaque,
& qui chatoye lorfqu'il eft frappé de la lumière.
Par la réduction, la malachite m'a donné de
foixante-douze à foixante-quinze livres de cuivre
par quintal. Ce cuivre, de même que celui
qu'on retire des criftaux d'azur de cuivre, ne
contient point d'argent.

La malachite eft foluble dans tous les acides ;
l'alkali volatil la diffout auffi : c'eft la plus riche
des mines de cuivre.

Je crois que la malachite doit fon origine à la
décompofition d'une diffolution de cuivre azurée, au moins parvient-on à faire une malachite
artificielle par un moyen femblable. Lorfqu'on
étend d'une certaine quantité d'eau, la diffolution de cuivre azurée, elle ne tarde pas à fe
décompofer ; le principe de l'odeur de l'alkali
volatil fe diffipe, & la matière graffe de cet
alkali fe combinant avec le cuivre, forme un
fel neutre infoluble dans l'eau, qui a la couleur
& les propriétés de la malachite *(t)*.

On trouve fouvent de la malachite compofée
de couches bleues & vertes ; celles-ci me paroiffent dûes à l'altération de l'azur de cuivre.

____

(t) Voyez mes *Mémoires de Chimie*, page 211.

TREIZIÈME ESPÈCE.

Malachite superficielle ou *Mine de Cuivre verte, striée,* dite mine de Cuivre soyeuse de la Chine.

Cette malachite poreuse, cellulaire ou striée, me paroît provenir de l'efflorescence des crislaux d'azur de cuivre : ce qu'il y a de certain, c'est que les crislaux d'azur de cuivre artificiels, ont la propriété de s'effleurir à l'air, & d'y devenir verts, poreux & cellulaires.

QUATORZIÈME ESPÈCE.

Malachite octahèdre.

Elle doit sa naissance à des pyrites cuivreuses décomposées ; ces crislaux ne sont que des carcasses d'octahèdres, c'est-à-dire, qu'il n'y a que les côtés qui se soient conservés en pyramides ; leurs plans n'étant qu'un peu ébauchés.

QUINZIÈME ESPÈCE.

Mine de Cuivre vitreuse noire, ou *de couleur de Poix.*

On doit regarder cette espèce comme une

malachite impure; le fer qu'elle contient fouvent, lui donne une couleur d'un brun-verdâtre
plus ou moins foncée.

Si, après avoir pulvérifé cette mine, on la
met en digeftion dans de l'alkali volatil, le
cuivre dont elle eft chargée s'y diffout, & l'on
peut juger par ce moyen, de la nature & de la
quantité des terres étrangères qui lui font unies.
Moins elle eft mélangée, plus fon produit en
cuivre approche de celui de la malachite proprement dite.

SEIZIÈME ESPÈCE.

Vert de montagne.

On donne ce nom à différentes terres colorées
par de la malachite.

DIX-SEPTIÈME ESPÈCE.

Mine de Cuivre figurée.

On trouve du bois & des fubftances offeufes
pénétrées par des diffolutions de cuivre, qui
leur donnent différentes couleurs à raifon de la
nature de ces fubftances; les bois cuivreux de
Sibérie, qui font bleus & noirâtres, font très-
riches en cuivre.

La main de femme, pénétrée de cuivre, qui se voit au Cabinet du Roi, est verte à l'extrémité des doigts ; les muscles desséchés sont verdâtres.

Produit des différentes Espèces de mine de Cuivre.

Cuivre Vierge............ 97 livres.
Malachite............... 75.
Mine rouge de Cuivre...... 70.
Cristaux d'azur de Cuivre.... 70 à 72.
Mine de Cuivre hépatique... 30 à 55.
Mine de Cuivre grise...... 33.
Mine de Cuivre antimoniale... 20.
Mine jaune de Cuivre..... 19 à 41.
Pyrite cuivreuse.......... 13.

Le cuivre vierge, la malachite, la mine rouge de cuivre & les cristaux d'azur de cuivre, n'ont besoin que d'être fondus avec de la poudre de charbon pour fournir le régule de cuivre ; les autres mines de ce métal doivent être torréfiées, & ensuite fondues avec trois parties de flux noir, ou mieux encore, avec trois parties de verre de borax, mêlées avec un peu de poudre de charbon.

PLOMB.

Le plomb est un métal d'un blanc bleuâtre,

mou, ductile, qui perd à l'air sa couleur & son brillant métallique, se couvre à sa surface d'une chaux grise, & augmente en pesanteur absolue, relativement à la quantité de métal qui a passé spontanément à l'état de chaux.

Le plomb, lorsqu'on l'expose à l'action du feu, entre aisément en fusion, si, après avoir fondu une certaine quantité de plomb, on verse dessus assez d'eau pour en refroidir la surface *(u)*, cette surface se boursoufle, & le plomb qui est dessous cristallise en prismes carrés, formés par des octahèdres implantés les uns dans les autres ; ces prismes sont souvent croisés de manière qu'ils offrent des pyramides tétrahèdres évidées & branchues ; les différens groupes que forment ces pyramides, représentent des espèces de dendrites en relief. J'ai trouvé dans les scories à demi vitrifiées, de ceux qui réduisent les *crasses* des Plombiers *(x)* , des cristaux de Plomb

---

(u) Il y a lieu de croire que c'est par un moyen semblable qu'on obtient les cristaux de régule de bismuth, dont j'ai parlé ci-dessus, *page 103.*

(x) Les Plombiers de Paris ne se donnent pas la peine de réduire la chaux qui se trouve sur le plomb lorsqu'ils le fondent ; ils l'écument avant de le couler, & ils vendent cette chaux de plomb, qu'ils nomment *crasse*, à des particuliers qui la réduisent, en la fondant avec des charbons ; ces derniers revendent ensuite aux Plombiers le plomb provenu de ces crasses.

brillans comme de l'argent, en prifmes minces à quatre pans, terminés par des pyramides dihèdres.

A peine le plomb eſt-il fondu, qu'on voit ſa ſurface perdre ſon brillant métallique, & ſe couvrir d'une poudre griſe, qui eſt le plomb même calciné ou privé de ſon phlogiſtique : une quantité donnée de ce métal peut être entièrement convertie en chaux : ſa peſanteur abſolue ſe trouve alors accrue de douze à treize livres par quintal *(y)*.

Si l'on expoſe au feu de réverbère la chaux griſe de plomb, elle y devient jaune, & prend le nom de *maſſicot ;* ce feu, plus long-temps continué, lui donne une couleur rougeâtre, & par un procédé que je ne connois point *(z)*,

---

(y) Il m'a parû que les ſubſtances métalliques les plus peſantes, étoient celles qui, en paſſant à l'état de chaux, augmentoient le moins en peſanteur abſolue.

(z) Des particuliers ont entrepris de faire, en France, du *minium*, mais ils n'y ont pas réuſſi, quoiqu'ils euſſent pris pour guides des gens très-exercés dans la Chimie. Il y a néanmoins lieu de croire, d'après les expériences de M. Geoffroi le fils, que la réuſſite de cette opération dépend de la durée & du degré de chaleur qu'on fait éprouver au maſſicot. Ce Chimiſte a obſervé, qu'après avoir porté la chaux griſe de plomb à la couleur jaune du maſſicot, il falloit la tenir à un degré de feu conſtant, qui n'excédât pas celui de 285

la chaux de plomb devient du plus beau rouge : dans cet état on la nomme *minium.*

Le *minium* étant exposé sous la moufle, à la chaleur graduée d'un feu de réverbère, perd sa belle couleur rouge, & devient d'un jaune-rougeâtre.

La couleur jaune du plomb se trouve pour ainsi dire fixée, dans la préparation connue sous le nom de *jaune de Naples.* Avant M. de Fougeroux, de l'Académie des Sciences, on regardoit cette substance comme un produit de volcan ; mais ce Physicien a fait connoître qu'elle étoit un produit de l'art ; le procédé consiste à exposer au feu dans un test couvert, un mélange composé de douze onces de céruse, de deux onces d'antimoine diaphorétique, d'une demi-once de sel ammoniac, & d'autant d'alun calciné ; il ne faut que tenir le tout rouge pendant trois heures ; le résidu qu'on obtient,

----

du thermomètre de Farenheit, (qui répond au 120.ᵉ de Reaumur) pour obtenir un vrai *minium.* Si l'on excède ce degré de chaleur, la couleur du *minium* se détruit insensible-ment pour repasser au jaune du massicot, lequel peut re-prendre de nouveau la couleur rouge, en lui rendant le degré de feu indiqué. Quoi qu'il en soit, le procédé par lequel les Hollandois préparent en grand le *minium*, nous est encore inconnu.

est le jaune de Naples, auquel les Italiens ont donné le nom de *giallolino*.

Les chaux de plomb se fondent aisément au feu, prennent la fluidité de l'eau, & s'évaporent, en produisant une fumée jaune, qui étant condensée, forme un très-beau massicot ; si l'on coule dans des moules la chaux de plomb fondue, il en résulte des masses feuilletées qu'on nomme *litharge (a)* ; c'est un verre de plomb cristallisé, & qui se présente sous différentes formes ; la plus ordinaire est en lames hexagones, transparentes, d'un jaune brillant. Lorsqu'on fond de la litharge dans des creusets de Hesse, & qu'on la laisse ensuite refroidir lentement, on obtient des cristaux rhomboïdaux qui se trouvent déposés dans le milieu de la masse ; mais si l'on verse de la litharge fondue dans un vase de terre, elle y refroidit très-promptement, & forme une masse composée de cristaux prismatiques réunis parallèlement, qui la font paroître striée dans sa fracture.

La litharge détermine la vitrification des corps les plus difficiles à fondre, excepté celle de la terre absorbante, de sorte qu'il y a très-peu de creusets

----

(a) Le mot *litharge* signifie *pierre d'argent* ; on la nomme *litharge d'or* lorsqu'elle est rougeâtre.

qui puissent la tenir en fusion; elle les pénètre, les dissout & s'échappe à travers.

Si l'on fond ensemble quatre onces de *minium* & une once de quartz, on obtient du verre de plomb transparent, assez dur & d'un beau jaune de topaze *(b)* ; en versant de l'huile de vitriol sur ce verre pulvérisé & nouvellement fait, il s'en dégage une odeur de foie de soufre assez forte, comme me l'a fait observer M. de Saint-Simon, Evêque d'Agde.

On trouve le plomb minéralisé, soit par le soufre, soit par l'acide marin; mais je n'en ai point encore rencontré qui fût minéralisé par l'arsenic, quoiqu'on ait avancé qu'il s'en trouve de cette espèce. J'ai dans mon Cabinet de l'arsenic testacé entre-mêlé de couches de galène; ce n'est qu'en essayant inconsidérément de pareils morceaux, qu'on a pu donner cours à

(b) On trouve à la surface de ce verre une croûte blanche, opaque, que je crois être du vitriol de Saturne; ce qui me porte à le penser, c'est l'espèce de foie de soufre qu'on décèle dans le verre de plomb par l'intermède de l'acide vitriolique. Voici l'éthiologie de ce phénomène : durant la vitrification, l'acide phosphorique de la chaux de plomb s'est porté sur l'alkali fixe du quartz; l'acide vitriolique de celui-ci s'étant alors combiné avec une partie du plomb, a formé le vitriol de Saturne qu'on trouve à la surface.

l'opinion qu'il y avoit du plomb minéralisé par l'arsenic.

Les mines où le plomb se trouve uni à l'acide marin, n'ont pas besoin d'être torréfiées avant que de passer à la fusion, parce que ce métal y étant à l'état de chaux, il suffit pour le réduire, de l'exposer au feu avec de la poudre de charbon : mais celles dans lesquelles le plomb est combiné avec le soufre, doivent préalablement être torréfiées, pour qu'on puisse en extraire le métal avec avantage. Le fourneau de réverbère est propre à ce double usage ; lorsqu'on y a torréfié la galène, on couvre de poudre de charbon le plomb qui reste, alors le métal se réduit & on le fait couler dans la casse , il reste sur l'aire du fourneau un peu de plomb mêlé à la terre absorbante, qui entroit comme partie intégrante dans la galène ; on prend ce résidu pour le fondre ensuite au fourneau à manche *(c)*.

On nomme *plomb d'œuvre*, celui qui, durant la fonte, est venu se rassembler dans la casse , & qui pour l'ordinaire, contient de l'argent *(d)*.

(c) Le *fourneau à manche*, qu'on nomme aussi *haut fourneau*, est de forme carrée, & l'on y entretient l'action du feu par le moyen des soufflets.

(d) Les mines de plomb spathiques ne contiennent presque point d'argent.

C'est pour extraire ce dernier métal qu'on a recours à la coupellation ; une partie du plomb se volatilise dans cette opération, l'autre se vitrifie & s'échappe de la coupelle par la voie qu'on lui a ménagée ; l'argent reste seul sur la coupelle, car lorsque le plomb contient du cuivre, celui-ci se vitrifie, & s'introduit dans la coupelle.

Le plomb est soluble dans tous les acides, mais l'acide nitreux paroît être son véritable dissolvant ; au moins est-ce le seul qui dissolve rapidement le plomb, lorsqu'il est sous forme métallique.

Si l'on verse de l'acide vitriolique dans une dissolution de sel de Saturne, il se fait un précipité blanc, qui est un *vitriol de plomb* ; ce sel est soluble dans l'eau, & par l'évaporation, produit des cristaux en prismes tétrahèdres.

L'acide nitreux, étendu de deux parties d'eau distillée, dissout le plomb, & l'on obtient, par l'évaporation, un sel en cristaux octahèdres un peu comprimés, qu'on nomme *nitre de Saturne.*

Ce sel, lorsqu'on l'expose au feu dans un creuset, décrépite, se liquéfie, l'acide nitreux se dégage sous forme de vapeurs rouges, & l'on trouve au fond du creuset une espèce de verre de plomb jaunâtre.

Le nitre de Saturne étant mis sur des charbons ardens , décrépite & fuse , l'acide nitreux se dissipe , & le plomb reste , sous forme métallique , à la surface des charbons.

Si l'on verse de l'acide marin dans une dissolution de nitre de Saturne , il se fait un précipité blanc , connu sous le nom de *plomb corné ;* c'est un vrai sel neutre qui demande beaucoup d'eau pour sa dissolution , & qui , par l'évaporation insensible , fournit des cristaux en prismes hexahèdres striés.

L'acide du vinaigre étant réduit en vapeurs , pénètre & dissout le plomb ; il en résulte la céruse , qui saturée du même acide , porte le nom de *sel de Saturne.*

Pour préparer la céruse , on met dans des pots de grès du vinaigre , & par-dessus , à deux pouces de distance , une croix de bois , sur laquelle on place verticalement un rouleau de plomb *(e)* , fait de manière , qu'entre chaque révolution , il reste un vide d'un demi-pouce ; après avoir couvert ces pots d'une plaque de plomb , on les arrange dans une fosse quarrée sur un lit de fumier. Il y a des fabriques où l'on

---

(e) Les rouleaux de plomb ont trois pieds de long sur six pouces de large ; l'épaisseur de la lame est d'une ligne,

met vingt pots de front, sur vingt de profondeur ; au bout de trois semaines, on retire ces pots, & l'on ratisse la surface des lames de plomb qui se trouve couverte d'une poudre blanche, insipide, qu'on nomme *céruse* ou *blanc de plomb.* Elle est en usage dans la peinture.

La céruse, de même que toutes les chaux de plomb, est soluble dans l'acide du vinaigre : il en résulte un sel neutre sucré, qu'on nomme *sel* ou *sucre de Saturne.* Les cristaux de ce sel sont des prismes quarrés un peu rhomboïdaux ; ils tombent en efflorescence à l'air, & y deviennent blancs, opaques & friables, mais sans perdre leur forme.

La chaux & le verre de plomb sont solubles dans deux parties d'huile ; pour opérer cette dissolution sans décomposer l'huile, on fait bouillir la chaux de plomb avec de l'huile & de l'eau ; le plomb se dissout avec effervescence, & la dissolution est complette lorsque le mélange, en le malaxant, n'adhère plus aux doigts. Cette dissolution du plomb dans une huile grasse, est ordinairement blanche, très-solide, & sert de base à tous les emplâtres.

Le plomb s'amalgame facilement avec le mercure ; les cristaux qu'on obtient de cet amalgame, en procédant, comme je l'ai indiqué dans mes *Mémoires de Chimie*, *page 79*, font des prifmes quadrangulaires articulés, croifés de différentes manières.

On vernit les terres cuites avec du verre de plomb, auquel on mêle fouvent de la chaux de cuivre, pour leur donner une couleur verte ; les acides & les fels détruifent en peu de temps cet enduit vitreux, & la poterie devient poreufe.

La litharge, la cérufe & toutes les préparations de plomb, prifes intérieurement, font un poifon terrible par fes effets ; il coagule les fluides, & occafionne la colique des Peintres & la paralyfie.

PREMIÈRE ESPÈCE.

Plomb minéralifé par le Soufre ; Galène.

Plufieurs Minéralogiftes ont parlé du plomb natif, mais je n'en ai jamais vu ; je fuis néanmoins d'autant plus porté à croire qu'il y en a, que j'ai reconnu par les expériences que j'ai faites fur la galène, que le plomb contenu dans cette mine, y étoit fous forme métallique, & que le foufre s'y trouvoit à l'état de foie de foufre terreux, ainfi qu'on le verra dans la fuite de cet article.

La galène contient prefque toujours un peu

d'argent ;

d'argent; elle varie beaucoup quant à la forme, à la grandeur & à l'arrangement des cubes qui la composent, &, comme l'a remarqué M. de Romé de l'Isle, elle n'est pas moins inconstante dans son produit, puisque la quantité de plomb qu'elle rend au quintal, est ordinairement de cinquante - quatre à soixante - huit livres. Les Métallurgistes ont supposé que ce qui manquoit pour compléter le quintal, étoit du soufre : Henckel, dans son *Introduction à la Minéralogie (f)*, dit « que dans la galène, le plomb fait les deux tiers ou les trois quarts, & que « le soufre fait le reste : » Gellert avance la même chose dans sa *Chimie métallurgique* ; & Cramer dans sa *Docimastique (g)*, dit que le soufre fait à peu-près la quatrième partie de la galène.

Les expériences suivantes feront connoître que dans la galène, le soufre est dans la proportion de huit ou neuf livres par quintal ; la terre absorbante dans la proportion d'un quart, & que le plomb s'y trouve à l'état métallique.

La torréfaction de la galène est insuffisante pour évaluer la quantité de soufre que ce minéral contient, puisqu'après cette opération, le résidu pèse souvent davantage que la galène dont on

––––––––––––––––––––––––

(f) Tome I, page 147 de la Traduction françoise.
(g) Tome II, page 164.

Tome II.   R

s'est servi : cela vient de ce qu'une partie du plomb est passée à l'état de chaux.

La distillation de la galène avec l'acide vitriolique, m'a paru un moyen propre à déterminer la quantité de soufre que cette mine contient.

Si l'on distille un quintal de galène avec quatre parties d'huile de vitriol, il se dégage une odeur de foie de soufre décomposé; il passe ensuite de l'acide vitriolique sulfureux & du soufre citrin ; après avoir lavé, desséché & pesé cette portion de soufre, & m'être assuré de la quantité de celle qui avoit pu être décomposée par quatre parties d'huile de vitriol, je crois pouvoir avancer qu'un quintal de galène ne contient pas plus de huit à neuf livres de soufre.

Le résidu de cette distillation, qui est blanc & poreux, contient du vitriol de plomb & de la sélénite.

Tous les acides minéraux ont la propriété de décomposer avec effervescence le foie de soufre terreux que la galène contient; l'acide qui est répandu dans l'air, décompose aussi ce foie de soufre; la galène perd alors de son brillant, & noircit l'argent qui se trouve dans son voisinage.

On peut connoître, par le moyen de l'acide

nitreux, la quantité de terre abforbante contenue dans la galène.

Lorfqu'on verfe fur un quintal de galène pulvérifée, quatre parties d'acide nitreux, il fe fait une vive effervefcence, le mélange s'é-chauffe, & il s'en dégage des vapeurs rougeâtres: l'effervefcence paffée, fi l'on étend de dix parties d'eau diftillée cette diffolution, & qu'après l'avoir filtrée, on y verfe de l'acide marin, il fe précipite du plomb corné, dans la proportion de dix à douze livres par quintal; il fuffit enfuite de verfer de l'alkali fixe dans la diffolution, pour en précipiter beaucoup de terre abforbante mêlée d'un peu de plomb.

La portion de galène qui, durant l'expérience précédente, n'a point été attaquée par l'acide nitreux, eft noire; elle contient du plomb à l'état métallique, & du foufre, qui n'eft plus en combinaifon avec ce métal.

Si l'on met ce réfidu dans un creufet qu'on a fait rougir, le foufre s'enflamme & fe diffipe fur le champ; en pefant ce qui refte au fond du creufet, on trouve que le foufre qui s'eft diffipé, entroit dans la galène, dans la proportion de huit ou neuf livres par quintal.

Si l'on expofe à un feu vif dans un creufet, ce qui refte de la galène, après avoir féparé le soufre & la terre abforbante, on obtient du plomb fous forme métallique, mais un peu aigre.

Après la réduction de la galène, par le moyen du flux noir, on trouve par la leffive des fcories, la quantité de terre abforbante que cette mine contient ; il faut, pour cet effet, réduire un quintal de galène torréfiée, en la fondant avec trois parties de flux noir ; la réduction faite, on met le creufet dans de l'eau diftillée, l'alkali du flux noir s'y diffout, la terre abforbante de la galène fe précipite, & l'on reconnoît, en filtrant cette leffive, que la terre abforbante retirée de la galène, y étoit dans la proportion de plus d'un quart ou de vingt-cinq livres par quintal.

Il eft démontré par une des expériences précédentes, que le plomb dans la galène, eft à l'état métallique : celle que je vais rapporter le confirme, & fait connoître que la poudre grife qui refte dans le teft, après la torréfaction de cette mine, n'eft point entièrement paffée à l'état de chaux ; en effet, il fuffit pour la revivifier, de la fondre avec trois parties de flux noir ; or, fi la galène, après avoir été torréfiée, étoit à l'état de chaux abfolue, il ne feroit pas poffible de la réduire avec une auffi petite quantité de flux noir. L'expérience fuivante m'en fournit une nouvelle preuve : ayant fondu un quintal de *minium* avec quatre parties de flux noir, je n'ai obtenu que vingt-quatre livres de plomb : les fcories étoient jaunes, & contenoient la chaux de plomb qui ne s'étoit pas réduite.

Il faut avoir recours au flux noir pour l'effai de la galène, parce qu'il fond très-aifément, & qu'en même temps il fépare la terre abforbante qui fe trouvoit interpofée entre les molécules du plomb : auffitôt que le mélange eft entré en fufion & devenu fluide, ce à quoi il faut procéder par un feu vif, il faut retirer le creufet du feu & le laiffer refroidir : plus l'effai refte long-temps au feu, moins la quantité de plomb qu'on obtient eft confidérable, parce qu'une partie du métal s'évapore fous forme de maffcot.

PREMIÈRE VARIÉTÉ.

Galène teffulaire.

Quoique les parties intégrantes de la galène foient toujours les mêmes, c'eft-à-dire, du plomb, de la terre abforbante & du foufre, elle affecte différentes formes.

On nomme *galène teffulaire* celle qui eft

R iij

criftallifée en cubes entiers *(h)*, ou plus ou moins tronqués par leurs angles. Voyez la *Criftallographie de M. de Romé de l'Ifle*, page *342* & *fuivantes.*

On trouve dans le comté de Sommerfet, de la galène en ftalaćtites cylindriques, dont l'intérieur eft tantôt creux, & tantôt rempli de pyrites ou de terre martiale brune, dûe à la décompofition de ces pyrites.

On nomme *galène palmée*, celle qui préfente dans fa caffure des faifceaux de lames luifantes & divergentes.

DEUXIÈME VARIÉTÉ.

Galène octahèdre.

Ses criftaux compofés de deux pyramides quadrangulaires, jointes bafe à bafe, ont fouvent leurs angles, & quelquefois leurs bords plus ou moins tronqués. *Voy. la Criftall. pag. 344.*

TROISIÈME VARIÉTÉ.

Galène chatoyante.

Les couleurs vives & chatoyantes qu'on

(h) On trouve à la furface de la terre, dans le Nivernois, de la galène en petits cubes folitaires, dont la fuperficie eft recouverte de chaux de plomb, ce qui fait que cette mine rend jufqu'à foixante-dix-fept livres de métal par quintal.

obſerve quelquefois à la ſurface de la galène, ne
ſont dûes qu'à un commencement de décompoſition ou à l'altération produite dans cette mine
par des vapeurs de foie de ſoufre décompoſé.

QUATRIÈME VARIÉTÉ.

Galène compacte, à petits grains brillans comme de l'acier.

Cette mine qui eſt d'un tiſſu fin & ſerré, ne
paroît point lamelleuſe comme les précédentes
qui ſont quelquefois ſtriées. Le rapprochement
des parties qui la compoſent, la rend plus difficile
à pulvériſer que la galène cubique ou teſſulaire,
dont la diviſion ſe fait toujours en cubes.

D'ailleurs, cette mine de plomb compacte
ne diffère en rien, quant au produit, de la galène
ordinaire, puiſqu'elle rend par l'analyſe, les
mêmes quantités de terre abſorbante, de ſoufre
& de plomb.

Je me ſuis contenté d'indiquer les principales
variétés de la mine de plomb ſulfureuſe, car ſi
l'on vouloit avoir égard à la grandeur & à la
petiteſſe des lames ou facettes qui la compoſent,
on multiplieroit à l'infini les variétés de cette
eſpèce de mine.

DEUXIÈME ESPÈCE.

Mine de Plomb blanche, Plomb corné, Plomb minéralisé par l'Acide marin.

Cette mine, à laquelle on a aussi donné le nom de *plomb spathique*, quoiqu'elle ne contienne point de spath, est essentiellement composée de plomb, d'acide marin & d'une matière grasse. Si l'on distille cette mine sans intermède, on en retire de l'acide marin volatil *(i)*; qui ne peut être coërcé que par le moyen de l'alkali fixe ou de l'alkali volatil, comme je l'ai indiqué dans mes *Mémoires de Chimie, page 215*. On obtient alors une espèce de sel fébrifuge ou un sel ammoniac, suivant l'espèce d'alkali qu'on a mise dans le récipient; pour avoir ces sels entièrement cristallisés, il faut laisser refroidir l'appareil durant vingt-quatre heures. Si ceux qui ont écrit contre mes expériences avoient eu seulement la patience d'attendre le refroidissement de leurs vaisseaux, ils y auroient trouvé ces sels

---

(i) Dans cette distillation, l'acide marin se modifie en se combinant avec la matière grasse contenue dans le plomb blanc; l'acide vitriolique distillé avec la même mine, ne devient sulfureux qu'en se combinant avec cette matière grasse.

en plus grande quantité , & alors ils auroient pu
les examiner avec plus de fuccès. En ne voulant
point admettre l'acide marin comme minéralifateur de la mine de plomb blanche, on n'a point
dit quelle étoit la fubftance , qui , lors de la
diftillation , fe diffipoit dans la proportion d'environ vingt livres par quintal. Un de ces Chimiftes a prétendu que c'étoit de l'air fixe , mais
comme on n'a point encore défini avec pré-
cifion ce qu'on entendoit par air fixe *(k)* , &
que d'autres Chimiftes non moins habiles , ont
auffi trouvé l'acide marin dans les mines de
plomb blanches & vertes , je perfifte à croire que
je ne me fuis point trompé.

M. Spielman m'écrivoit en 1774 , « qu'il
avoit reconnu que les mines de plomb blanches «
& vertes étant diftillées avec de l'acide vitrio- «
lique, donnoient de l'efprit de fel.　　　　　 «

L'efprit de nitre , continue-t-il, diftillé avec «
ces mines devient eau régale.　　　　　　　 «

Les mêmes mines étant fondues avec la «

(k) Tous les Phyficiens s'accordant aujourd'hui à reconnoître dans ce que l'on nomme *air fixe* , une fubftance acide ;
fi cet acide par fa légèreté & par fes autres propriétés fe
trouve avoir plus de rapport avec l'acide marin qu'avec tout
autre acide , ne réfulte-t-il pas en dernière analyfe , que ma
découverte fubfifte , & que le nom feul eft changé !

» moitié de leur poids de sel de tartre, & un
» peu de poudre de charbon pilé, ont donné
» un tiers de plomb.

» Les scories de cet essai, dissoutes dans l'eau,
» ont fourni du sel fébrifuge de Silvius.

» Ces mines, ajoute M. Spielman, sont donc
» formées par le plomb réduit en chaux, au
» moyen de l'acide du sel marin ; la mine de
» plomb verte doit sa couleur à une petite
quantité de cuivre qui y est jointe. »

M. Woulfe, de la Société royale de Londres,
m'a fait part d'un moyen qu'il employoit pour
extraire l'acide marin de la mine de plomb blanche ; il consiste à triturer cette mine avec parties
égales d'huile de tartre ; le mélange prend corps
aussi-tôt qu'on a cessé de le triturer ; mais en
le dissolvant dans de l'eau, on en retire une
espèce de sel fébrifuge.

Ayant répété cette expérience en laissant
pendant douze heures, dans un mortier de verre,
un mélange d'une demi-once de mine de plomb
blanche, & d'autant d'huile de tartre que j'avois
eu soin de bien triturer pendant une demi-heure ;
au bout de ce temps, je trouvai le mélange
formant une masse blanche, sèche & si solide,
que le pilon de verre adhéroit au mortier, dont
je ne pus le détacher qu'en y versant de l'eau

diftillée ; ayant filtré cette leffive , & l'ayant rapprochée par l'évaporation , j'en obtins des criftaux cubiques d'un vrai fel fébrifuge de Silvius.

La mine de plomb blanche fe trouve fouvent mêlée avec les autres mines de ce métal ; elle varie fingulièrement dans fa criftallifation , & elle forme le plus fouvent des groupes où les criftaux font raffemblés d'une manière très-confufe ; ces criftaux fort pefans, mais fragiles, n'ont que peu d'adhérence à leur bafe , & font quelquefois mêlés de mine de plomb verte. M. de Romé de l'Ifle remarque, « qu'on les rencontre difficilement bien terminés , mais « prefque toujours en aiguilles plus ou moins « fines ou en prifmes ftriés & cannelés, qui « par le peu de faillie de leurs angles paroiffent « prefque cylindriques ou irréguliers. »

PREMIÈRE VARIÉTÉ.

Mine de Plomb blanche en Prifmes hexahèdres tronqués.

Cette efpèce eft ordinairement opaque & d'un blanc mat ; fes criftaux, qui font prefque toujours groupés, fe caffent aifément, & paroiffent vitreux dans leur fracture. On l'a trouvée

en affez grande quantité dans la mine d'Huelgoët en baffe Bretagne, peu diftante de celle
de Poullaouen. Souvent ces criftaux font en
prifmes ftriés, dont les facettes n'offrent rien de
régulier : ils forment auffi des ftalactites ou
ftalagmites, de couleur blanchâtre.

DEUXIÈME VARIÉTÉ.

Mine de Plomb blanche en petites aiguilles brillantes, opaques & foyeufes.

Ces criftaux, plus ou moins fins, font rangés
parallèlement ou par faifceaux divergens : il en
eft qui font groupés de manière que les maffes
qui en réfultent font à jour & très-fragiles : on
les a trouvés dans les mines de Zellerfeld au
Hartz ; quelquefois les aiguilles de ce plomb
blanc font fiftuleufes.

TROISIÈME VARIÉTÉ.

Mine de Plomb blanche tranfparente.

Elle eft en criftaux polygones, qui ont la
couleur & l'éclat du diamant ; ils font groupés
à la furface, & dans les cavités d'un fpath félé-
niteux blanc, friable & opaque, de Geroldfeck
près de Loorh en Souabe.

J'ai des criftaux cubiques de cette mine de

plomb blanche, tranſparente, dont les cubes ont plus de quatre lignes de diamètre.

On voit auſſi dans ma collection, un morceau de mine de plomb blanche d'Angleterre, qui, par ſa tranſparence & ſa fracture, a de la reſſemblance avec le verre, que les Anglois nomme *flint-glaſs*.

QUATRIÈME VARIÉTÉ.

Mine de Plomb blanche terreuſe.

Cette mine ne diffère du plomb blanc ordinaire, qu'en ce qu'elle eſt en maſſes irrégulières & compactes; ſouvent elle contient près d'un tiers de terre argileuſe.

CINQUIÈME VARIÉTÉ.

Mine de Plomb griſâtre, demi-tranſparente.

Elle eſt compoſée de petits feuillets quarrés, poſés les uns ſur les autres, & qui par leur aſſemblage, forment quelquefois de petits cubes; c'eſt en quoi ces criſtaux reſſemblent à la galène, mais ils en diffèrent par la couleur & par les principes qui les conſtituent. Cette mine eſt ſouvent accompagnée de plomb vert & de terre martiale; on en a trouvé un filon aſſez conſidérable dans la mine de Glanges en Limoſin.

Le plomb & l'argent que contient cette mine grisâtre & demi-transparente, y sont combinés avec l'acide marin.

J'en ai retiré par la réduction soixante-dix livres de plomb par quintal, & la coupellation d'un quintal de ce plomb m'a fourni trois onces quatre gros trente-deux grains d'argent.

Cette quantité d'argent est, quant au produit, la seule différence que j'aie reconnue entre cette mine grisâtre & les autres mines de plomb cornées ; il y en a même parmi celles-ci, qui ne contiennent pas un atome de ce métal.

Toutes les mines de plomb blanches exposées au feu, décrépitent, fondent très-promptement, & produisent une masse transparente d'un jaune rougeâtre *(l)* ; si dans cette mine le plomb n'é-toit point combiné avec l'acide marin, & qu'il fût seulement à l'état de chaux, comme quelques Minéralogistes l'ont avancé, on n'obtiendroit, par la fusion de cette mine, que de la litharge, qui est un verre de plomb feuilleté; on sait que le massicot, le *minium* ou la chaux de plomb grise, quand on les fond sans addition, four-nissent toujours de la litharge.

____

(l) Le plomb corné artificiel produit une masse semblable par la fusion. Voyez mon *Examen chimique*, page 136.

Pour réduire les mines de plomb blanches, il suffit de les fondre avec trois parties de flux noir, auquel on ajoute un peu de poudre de charbon; on en retire par ce moyen, depuis soixante-douze jusqu'à quatre-vingts livres de plomb par quintal; ce qui reste pour compléter le quintal, est l'acide marin, qui, joint à la matière grasse, fait ici les fonctions de minéralisateur.

Il est inutile de torréfier les mines de plomb blanches, car l'acide marin qui s'y trouve ne rend point le plomb volatil, & il s'en dégage durant la réduction.

TROISIÈME ESPÈCE.

Mine de Plomb verte; Plomb minéralisé par l'Acide marin.

Cette mine ne diffère de la précédente, que par sa couleur verte plus ou moins foncée, la forme de ses cristaux est un prisme à six pans ordinairement tronqué, mais quelquefois terminé par une pyramide hexahèdre entière ou tronquée.

Ces cristaux sont opaques ou transparens, & leur couleur verte est dûe au cuivre, comme le prouvent les expériences que M. Spielman a faites fur la mine de plomb verte de Hoffs-grunds près de Fribourg en Brifgau. Ce Chimiste dit avoir féparé le cuivre qui colore la mine de plomb verte, en mettant une lame de fer dans la diffolution de cette mine.

La mine de plomb verte m'a paru contenir plus d'acide marin & de matière graffe que la blanche ; elle décrépite de même.

Lorfqu'on l'expofe au feu, elle y prend une couleur rougeâtre, fe fond, & produit une maffe *merde d'oie*, cellulaire, & compofée de criftaux en aiguilles entrelacées.

On en retire par la réduction, foixante-feize livres de plomb qui, par quintal, contient fouvent cinq à fix gros d'argent.

La mine de plomb verte & la blanche fe rencontrent quelquefois à côté l'une de l'autre fur le même morceau de galène décompofée.

On trouve auffi du plomb vert mamelonné, ou en ftalactites, en dendrites & en maffes irré-gulières, mêlées de différentes terres.

QUATRIÈME ESPÈCE.

Mine de Plomb rouge criftallifée.

Cette mine, compofée comme les précédentes d'acide marin combiné avec le plomb, eft colorée en rouge par le fer, ainsi que l'a indiqué M. Lehmann *(m)*. Elle est fort rare, & n'a encore été trouvée qu'en Sibérie, sous la forme de cristaux prismatiques courts, tétrahèdres rhomboïdaux, dont les extrémités sont tronquées obliquement *(n)*. Ces cristaux ont dans leur fracture la couleur du réalgar du Japon, & sont quelquefois entre-mêlés de mine de plomb blanche ou verte.

Le plomb rouge m'a donné, par la réduction, depuis soixante jusqu'à soixante-douze livres de plomb par quintal.

La mine de plomb terreuse rouge, diffère de la précédente, en ce qu'elle est mêlée avec de l'argile, & en ce qu'elle ne rend que cinquante-une livres de plomb par quintal.

Le plomb que j'ai obtenu de ces mines rouges, ne m'a point produit d'argent par la coupellation.

CINQUIÈME ESPÈCE.

Mine de Plomb rougeâtre.

Cette espèce ne diffère de la mine de plomb

(m) Dans sa Dissertation latine, sur la mine de plomb rouge de Sibérie. *Pétersbourg*, *1766*, *in-4.°* j'en ai donné la traduction à la suite de mon Examen chimique de différentes substances minérales. *1769*, *in-12.*

(n) Essai de Cristallographie de M. de Romé de l'Isle, page *353.*

blanche que par la couleur, & ne contient point non plus de terre métallique étrangère.

Si l'on rapproche, par l'évaporation lente, une diffolution de plomb corné artificiel, elle prend alors quelquefois une couleur rougeâtre; une partie de cette diffolution, criftallife en longues aiguilles prifmatiques, blanches, tandis que l'autre fe dépofe le long des parois du vafe en petits mamelons rougeâtres & raffem-blés, qui imitent parfaitement la mine de plomb rougeâtre en dendrites, d'Huelgoët en baffe Bretagne.

SIXIÈME ESPÈCE.

Mine de Plomb noire.

Cette mine, qui s'eft auffi trouvée à Huelgoët, en criftaux prifmatiques hexahèdres tronqués, n'eft qu'une altération de la mine de plomb blanche; on y voit très-diftinctement le paffage de cette dernière à l'état de galène, fans que la forme des criftaux en foit fenfiblement altérée, comme l'a obfervé M. de Romé de l'Ifle, dans fa *Defcription de Minéraux, page 195.* Cette minéralifation s'opère par le moyen du foie de foufre volatil, il s'en forme tous les jours dans les mines par la décompofition des pyrites, & par

d'altération que l'acide vitriolique fait éprouver à la galène, en décomposant le foie de soufre terreux qui s'y rencontre : l'odeur qui se dégage alors est un vrai foie de soufre volatil ; l'acide marin du plomb blanc se décompose, & le soufre s'unissant au plomb, régénère la galène qui se trouve alors sous forme de petits feuillets gris & brillans dans l'intérieur des cristaux de plomb noir.

Lorsqu'on expose du plomb corné à la vapeur du foie de soufre volatil, & principalement à celle de la liqueur fumante de Boyle, le plomb noircit à l'instant, & ne tarde pas à se minéraliser ; la couleur noire qu'il prend alors résulte de la combinaison du soufre avec le plomb.

La mine de plomb noire, rend de soixantedix à soixante-seize livres de plomb par quintal ; je n'en ai point retiré d'argent.

ÉTAIN.

L'étain est un métal blanc & flexible, qui, lorsqu'il est pur, ne perd point son brillant à l'air ; le petit bruit que fait entendre ce métal quand on le plie en différens sens, se nomme *cri de l'étain :* mais on ne peut juger par-là, si le métal est pur ou non, puisqu'il perd cette propriété après avoir été forgé, & qu'un mélange de parties égales de plomb & d'étain, produit le même phénomène.

L'étain, lorsqu'on le frotte, répand une odeur semblable à celle du régule d'antimoine ; c'est après ce régule, la plus légère des substances métalliques : exposé au feu, il entre très-promptement en fusion ; si on le verse dans de l'eau, il produit un certain bruit, & se divise en lames très-minces, dentelées, que terminent des espèces de dendrites, d'une finesse & d'une élégance singulière.

Dès que l'étain est en fusion, il se forme à sa surface une chaux grisâtre, nommée *cendres d'étain* ; si cette chaux reste long-temps exposée à l'action du feu, elle devient blanche, & porte le nom de *potée d'étain* ; elle sert à polir divers ouvrages : M. de l'Isle a reconnu que l'étain, lorsqu'il passoit de l'état métallique à l'état de chaux, augmentoit de douze livres par quintal.

La chaux d'étain n'étant point vitrifiable, est employée pour la préparation de l'*émail blanc*, qui n'est autre que du verre blanc rendu opaque par l'interposition de la chaux d'étain.

Si l'on expose au feu un mélange d'étain & de plomb, ces deux substances métalliques ayant des pesanteurs spécifiquement différentes, se féparent l'une de l'autre ; l'étain, comme plus léger, fe trouve à la furface, & s'y convertit en chaux ; cette chaux qui eft invitrifiable, ne peut paffer à la coupelle, & empêche que l'opération ne réuffiffe ; le plomb ne pouvant entrer en bain, la coupelle fe hériffe, effet caufé par la chaux d'étain qui nage à la furface du plomb fondu.

L'étain étant fondu pénètre le fer, s'y incorpore, & forme avec lui ce que nous appelons le *fer-blanc.*

L'étain mêlé avec de l'or, par la fufion, le rend blanc & très-caffant.

Les acides minéraux attaquent & diffolvent l'étain avec une énergie différente felon la nature de chaque acide.

L'acide vitriolique le diffout fans efferveſcence fenfible ; mais il en dégage des vapeurs défagréables mêlées d'acide fulfureux : pour opérer cette diffolution, dont la couleur eft quelquefois brunâtre, il faut avoir recours à la chaleur du bain de fable.

L'acide nitreux verfé fur l'étain, l'attaque avec une efferveſcence prodigieufe ; il s'en dégage des vapeurs rutilantes, & l'étain fe trouve au fond du vafe, fous la forme d'une chaux blanche.

L'acide marin fumant, diſſout ce métal avec effervescence, durant laquelle ſe dégage une odeur fétide, qui a du rapport avec celle du foie de ſoufre décompoſé ; cette diſſolution produit, par l'évaporation, un *ſel d'étain* peu déliqueſcent, dont les criſtaux blancs & tranſparens, ſont des priſmes à quatre pans, quelquefois terminés par des pyramides du même nombre de côtés.

M. Baumé, qui a préparé en grand cette eſpèce de ſel, dit qu'une partie de ſes criſtaux ſont couleur de roſe *(o)* ; il ajoute que ce ſel à baſe d'étain, eſt employé pour aviver & fixer ſur les toiles certaines couleurs qu'on y imprime.

Selon le degré de concentration de l'acide marin qu'on a combiné avec l'étain, les ſels qui en réſultent, ont des propriétés différentes ; la liqueur fumante de Libavius, & l'*aurum muſivum* en ſont des exemples.

Lorſqu'on prépare la liqueur fumante de Libavius avec un amalgame compoſé d'une partie d'étain & de deux parties de mercure ; après avoir mêlé cet amalgame avec quatre parties de ſublimé corroſif, ſi l'on diſtille le tout dans

---

(o) La couleur roſe de ces criſtaux ne ſeroit-elle pas produite par du cobalt ? les mines d'étain colorées contiennent ſouvent une légère portion de ce demi-métal.

une cornue au fourneau de réverbère ; il paſſe d'abord dans le récipient une liqueur limpide & très-fluide, connue ſous le nom de *liqueur fumante (p) de Libavius ;* pour recevoir le mercure qui paſſe enſuite, il faut adapter à la cornue un récipient avec de l'eau.

On trouve des fleurs blanches d'étain *(q)* dans le col de la cornue, & au fond, un culot de ce métal entouré d'une maſſe rougeâtre qui ſe coupe aiſément, & qui eſt de l'*étain corné ;* ce ſel formé par la combinaiſon de l'acide marin avec l'étain, eſt encore moins chargé d'acide que les fleurs d'étain.

L'*aurum muſivum* ne doit ſa couleur jaune & brillante qu'à l'acide marin concentré, qui s'y trouve combiné avec l'étain. Voici le mélange qui produit le plus bel *aurum muſivum.*

Après avoir mêlé un amalgame compoſé de deux onces d'étain & de quatre onces de

---

(p) On l'a nommée *fumante* parce qu'étant expoſée à l'air, elle répand des vapeurs blanches. En verſant de l'eau ſur cette liqueur, il s'excite un degré de chaleur conſidérable, & elle ceſſe alors de produire des vapeurs blanches.

(q) Ces fleurs d'étain qu'on nomme auſſi *beurre d'étain,* ſont formées par l'union de ce métal, avec l'acide marin : ce ſel déliqueſcent contient moins d'acide que la liqueur fumante.

mercure *(r)*, avec un gros de sel ammoniac
& autant de fleurs de soufre, si l'on distille
ce mélange dans une cornue de verre lutée, il
passe du foie de soufre volatil, puis du mercure,
& enfin il se sublime un peu de cinabre; il
reste au fond de la cornue une masse grise,
poreuse & brillante, à la surface de laquelle,
ainsi que sur les parois de la cornue, se trouve
l'*aurum musivum* en cristaux feuilletés.

Le nom qu'on donne à cette préparation,
vient de la ressemblance de sa couleur avec
celle de l'or, dont elle a le brillant & l'éclat;
elle ne s'altère point sensiblement à l'air, & on
l'emploie dans les Arts sous le nom de *bronze*.

Pour réussir dans le procédé que je viens
d'indiquer, il faut avoir attention de bien graduer le feu, car on n'obtient souvent qu'une
masse grise, brillante & feuilletée, qui n'est autre
chose que de l'étain minéralisé par le soufre.

L'amalgame de l'étain produit des cristaux
gris, brillans, en lames feuilletées, amincis vers
leurs bords : ces lames résultent elles-mêmes de
l'assemblage de plusieurs feuillets quarrés apposés
les uns sur les autres; chaque once d'étain retient

(r) Le mercure qu'on fait entrer dans cette préparation,
de même que dans la précédente, ne sert qu'à procurer la
division de l'étain.

pour criſtalliſer, trois onces de mercure. Voyez mes *Mémoires de Chimie*, page 85.

L'amalgame d'étain étant d'un gris brillant, & ſes parties ayant beaucoup de cohérence entre elles, on l'emploie avec avantage pour le teint des glaces.

Le ſoufre ſe combine aiſément avec l'étain; il réſulte de cette union une maſſe griſe, ſtriée, fragile, & un peu terne.

Lorſqu'on met ſur de l'étain en fuſion de la fleur de ſoufre, elle brûle en produiſant une flamme rouge & des vapeurs d'acide ſulfureux; cet étain combiné avec le ſoufre fond difficile-ment, & produit une maſſe griſe, qui en re-froidiſſant, ſe dilate au point qu'il eſt difficile de l'ôter des moules où on l'a verſée.

Je n'ai point encore rencontré d'étain qui fut minéraliſé par le ſoufre *(ſ)*, ni même par l'ar-ſenic. Voici le procédé dont je me ſuis ſervi pour combiner l'étain avec l'arſenic, & faire ainſi une eſpèce de mine arſenicale.

J'ai diſtillé dans une cornue de verre lutée, un mélange compoſé de parties égales de chaux d'arſenic, & d'étain granulé, en y ajoutant un

---

(ſ) Cramer, dans ſa Docimaſie, rapporte qu'on ne trouve jamais de mine d'étain ſulfureuſe, & que c'eſt au moyen de l'arſenic que ce métal eſt minéraliſé.

huitième de charbon ; une partie de l'arfenic
s'eft réduite & fublimée dans le col de la cornue ;
ayant fait affez de feu dans le fourneau de réverbère pour tenir la cornue rouge pendant une
demi-heure ; les vaiffeaux refroidis , j'ai trouvé
au fond de la cornue , fous la poudre de charbon ,
un culot d'étain qui avoit la couleur blanche
du régule d'antimoine ; cet étain arfenical étoit
criftallifé à fa furface ; il fe caffoit aifément , &
paroiffoit compofé de lames ou de feuillets : par
cette opération , l'étain fe trouve avoir augmenté du huitième de fon poids.

L'analyfe de la mine d'étain , jointe à l'expérience que je viens de rapporter , démontrent
que les Auteurs qui ont écrit fur la Minéralogie,
n'ont point connu ce qui fervoit à minéralifer
l'étain , & qu'ils fe font trompés , en fuppo-
fant qu'il l'étoit par l'arfenic *(t)*. Les différentes
mines d'étain que j'ai vues ou effayées , avoient
toutes l'acide marin pour minéralifateur ; cet
acide eft fi concentré dans ces mines, qu'elles
ont une pefanteur fpécifique plus confidérable
que le métal même qu'elles fourniffent.

(t) Les criftaux d'étain étant prefque toujours accompagnés
de pyrites arfenicales , c'eft ce qui en a impofé & a fait dire
que ce métal étoit toujours minéralifé par l'arfenic.

La mine d'étain varie par ses couleurs, à raison des matières métalliques qui s'y rencontrent. Cette mine est blanche lorsqu'elle est pure : elle est rougeâtre, brune ou noire, suivant la quantité de fer qu'elle contient ; j'en ai trouvé qui, dans l'essai, m'ont produit un peu de cobalt.

Pour extraire l'acide marin de ces mines, il faut les distiller dans une cornue de verre à laquelle on adapte un récipient avec de l'huile de tartre ; l'acide marin volatil qui se dégage alors, se combine avec l'alkali fixe, & forme des cristaux cubiques & parallélipipèdes ; la mine ne perd dans cette opération que six ou sept livres par quintal.

Si l'on distille avec deux parties d'huile de vitriol, une partie de cristaux de mine d'étain colorée, l'acide marin s'en dégage sous forme de vapeurs blanches ; il passe ensuite de l'acide vitriolique sulfureux *(u)* ; le résidu, de couleur rouge-pâle & brillante, est un vitriol mixte de fer, de cobalt & d'étain.

Pour séparer le fer contenu dans les cristaux d'étain rougeâtres, j'ai distillé une partie de cette mine avec trois parties de sel ammoniac ;

(u) L'acide sulfureux résulte de la combinaison de l'acide vitriolique avec la matière grasse des cristaux d'étain.

le fer s'est sublimé avec une partie de ce sel qu'il colore en jaune ; les parois de la cornue étoient verdâtres, tant qu'elles conservoient leur chaleur ; refroidies, elles étoient rougeâtres : chauffées, elles redevenoient vertes, propriétés qui indiquent le cobalt uni à un peu d'acide marin.

PREMIÈRE ESPÈCE.

Étain natif (x).

Le morceau que je possède est gris & brillant dans sa fracture, à peu-près comme la molybdène ; il est en partie ductile & en partie fragile ; ses molécules ont peu d'adhérence entre elles, mais il suffit de les battre sur l'enclume pour qu'elles se rapprochent & s'unissent en petites lames d'étain blanches, brillantes & flexibles.

Si l'on met de cet étain natif fragile sur un charbon ardent, le métal se fond, & dans l'instant se réunit en globules ductiles ; il ne se dégage, durant cette fusion, ni soufre ni arsenic, mais une fumée blanche & salée que j'ai

______

(x) M. Woulfe, de la Société royale de Londres, m'a donné cet étain natif, trouvé dans les mines de Cornouailles ; le morceau étoit recouvert à sa surface d'une chaux d'étain grisâtre.

raſſemblée de la manière ſuivante : après avoir mis ſur un tuileau rougi au feu, de l'étain natif en poudre, je l'ai couvert d'un verre à patte ; la mine, d'abord embraſée, eſt devenue rouge & ſcintillante : une partie de l'étain s'eſt réduite en globules ductiles, l'autre partie s'eſt calcinée, & la chaux qu'elle a produite étoit d'un gris verdâtre.

La fumée blanche qui ſe dégage dans cette opération s'attache aux parois du verre, & y laiſſe un enduit blanc d'une ſaveur très-piquante.

Ayant lavé le verre avec de l'eau diſtillée pour diſſoudre l'enduit ſalin qui s'y trouvoit, j'ai verſé dans une partie de cette leſſive de la diſſolution de nitre lunaire ; l'argent s'eſt précipité ſous la forme d'une poudre d'un violet noir, qui eſt de la lune cornée, mêlée d'un peu d'étain. Quelques grains de ſel d'étain *(y)* mis dans de la diſſolution de nitre lunaire, en précipitent l'argent ſous la même couleur, & ce précipité eſt de même nature que le précédent.

Ayant verſé de l'huile de tartre dans la leſſive de ce ſublimé de l'étain natif, il s'eſt précipité de la chaux d'étain, & j'ai trouvé dans l'eau du ſel fébrifuge de Silvius : on peut conclure de

------

(y) Formé par l'étain combiné avec l'acide marin.

ces expériences, que la portion qui se sublime, durant la torréfaction de l'étain natif, est une combinaison de ce métal avec de l'acide marin, un *étain corné volatil*.

DEUXIÈME ESPÈCE.

Mine d'Étain blanche.

Les cristaux d'étain blancs sont octahèdres, lamelleux dans leur tissu, ordinairement d'un blanc mat, & quelquefois transparens ; l'étain s'y trouve combiné avec l'acide marin & une matière grasse qui rend ces cristaux insolubles ; ils ne contiennent pas un atome de fer, & ils produisent par la fusion dans un creuset brasqué, soixante-quatre livres d'étain par quintal ; cet étain très-pur, a l'éclat de l'argent, & ne s'altère point à l'air, comme celui du commerce, qui n'est souvent qu'un mélange de plusieurs métaux : en effet, ce dernier contient presque toujours du fer (z), du plomb, du cuivre, & souvent du régule d'antimoine.

On peut rencontrer des cristaux d'étain blancs dans toutes les mines de ce métal, mais

____

(z) Le fer qui se trouve dans l'étain n'y a point été introduit par les marchands ; il existoit dans la mine d'étain, qui, presque toujours est martiale.

ils y sont très-rares. J'ai des morceaux qui présentent le passage de la couleur blanche au rougeâtre, au noir, &c.

TROISIÈME ESPÈCE.

Mine d'Étain colorée.

Cette espèce varie dans sa couleur, suivant la quantité de fer & quelquefois de cobalt qu'elle contient; on la rencontre d'ordinaire en cristaux rougeâtres, bruns, noirs ou jaunâtres, qui paroissent vitreux & feuilletés dans leur cassure : on remarque souvent dans le même cristal différentes couleurs, telles que du brun, du verdâtre & du blanc ; quelquefois aussi l'on trouve du quartz ou du mica dans l'intérieur de ces cristaux.

Lorsqu'on expose au feu les cristaux de mine d'étain colorée, ils décrépitent, se gercent & changent de couleur ; les rougeâtres y deviennent d'un blanc qui tire sur le vert ; la plupart y acquièrent de la transparence, & ne se vitrifient point au feu le plus violent.

Les cristaux d'étain perdent, par la calcination, dix livres par quintal ; ce déchet, dans leur poids, vient de l'acide marin, qui se dégage alors, comme je l'ai observé ci-dessus ; si l'étain dans ces mines, étoit purement à l'état de chaux, elles ne perdroient point de leur poids par la calcination.

Les criftaux d'étain colorés offrent plus ordinairement des polyèdres à angles rentrans, brillans à leur furface, que des criftaux réguliers : ceux-ci fe réduifent à deux variétés.

PREMIÈRE VARIÉTÉ.

Criftaux d'étain noirâtres, en Prifmes tétra-
hèdres ou fuboctahèdres, terminés par des
pyramides à huit pans, de Cornouailles
en Angleterre.

DEUXIÈME VARIÉTÉ.

Criftaux d'Étain noirâtres en cubes rectangles,
dont les bords font totalement tronqués
de part & d'autre.

M. de Romé de l'Ifle dit, dans fa Criftallographie, qu'il eft très-rare de les trouver réguliers.

Les criftaux d'étain colorés, rendent de cinquante à cinquante-quatre livres d'étain par quintal.

Les mines d'étain n'ont pas befoin d'être

torréfiées,

torréfiées, lorsqu'elles ne contiennent ni *mis-pickel*, ni blende, ni pyrites. Pour essayer ces mines, il suffit d'en mêler une partie avec de la poudre de charbon, & après avoir mis ce mélange dans un creuset brasqué, de l'exposer à l'action d'un feu vif, propre à produire l'incandescence du creuset *(a)*; l'étain étant réduit, déplace le charbon de la brasque, & se trouve au fond du creuset.

Il faut éviter d'employer les flux salins pour la réduction des mines d'étain, car on perd alors une grande quantité de ce métal.

La molybdène accompagne souvent les mines d'étain; j'en ai essayé qui m'a produit un peu d'étain aigre.

ARGENT.

L'argent est un métal blanc, très-ductile, & qui noircit à l'air quand il se trouve dans l'atmosphère un foie de soufre volatil.

L'argent peut être uni à diverses substances métalliques, sans que sa couleur en soit altérée;

(a) Si le fourneau est bien échauffé, l'essai se fait en quatre à cinq minutes.

La réduction en grand des mines d'étain, s'opère facilement au fourneau de réverbère.

il ne peut même en être séparé que par des opérations particulières, qui diffèrent selon la nature de ces substances. Les métaux vitrifiables doivent être séparés de l'argent par la coupellation, mais lorsqu'il est allié avec de l'or, il faut avoir recours au départ.

Pour déterminer le degré de pureté de l'argent, on en suppose une quantité quelconque, divisée en douze parties, qu'on nomme *deniers*, & chaque denier en vingt-quatre parties, qu'on nomme *grains*; l'argent *au titre*, est celui qui n'éprouve point de diminution par la coupellation. D'après l'observation qu'on a faite que le *grain* de *fin* ou *de retour* étoit toujours relatif à la quantité de plomb dont on s'étoit servi pour la coupellation, on a fixé en France, par une Ordonnance des Monnoies, la quantité de plomb qu'on devoit employer dans un essai.

Pour l'Argent d'affinage. . . . . 2 parties de Plomb.

	deniers.	grains.	
à	11.	12	4.
	11.	.ıı	6.
	10.	.ıı	8.
	9.	.ıı	10.
	8.	.ıı	12.
	7.	.ıı	14.
	6.	.ıı	16.

On peut prendre indication par le fond

des coupelles, de la nature des matières étrangères qui se trouvoient alliées avec l'argent. Le
plomb est le seul qui laisse sur le fond de la
coupelle une couleur jaune-pâle ; le cuivre, une
couleur noire ; le cobalt mêlé de cuivre, un
cercle d'émail vert.

Les procédés, pour extraire l'argent de ses
mines, varient suivant les pays & la nature des
mines qui contiennent ce métal. La torréfaction,
la fonte & la coupellation, sont les moyens les
plus ordinaires ; mais ils ne sont pas applicables
à toutes les espèces de mines, entre autres à
l'argent corné. Les Espagnols faisoient usage,
en 1666, du procédé suivant pour extraire
l'argent & l'or d'un minéral qui n'en auroit
point rendu sensiblement par la voie usitée.

Après avoir réduit ce minéral en poudre,
ils en mêloient vingt-cinq quintaux avec du sel,
du vitriol martial, des cendres & de la chaux ;
ils humectoient ce mélange, ils y ajoutoient
ensuite trente livres de mercure, & avoient soin
de remuer le tout pendant deux mois ; le minéral se décomposoit, l'or & l'argent devenoient
libres & s'amalgamoient avec le mercure.

L'amalgame est encore le moyen le plus
usité par les Espagnols du Mexique & du Pérou,
pour séparer l'argent natif des gangues où il se

T ij

rencontre. Ils commencent par laver, torréfier & bocarder le minéral, qu'ils triturent enfuite avec du mercure : pour que l'amalgame fe faffe plus promptement, ils mettent le mercure & la mine avec de l'eau dans des baffines de cuivre, faites en cône renverfé & difpofées fur des fourneaux d'une conftruction particulière. Ils chauffent jufqu'à produire l'ébullition de l'eau, & au moyen de moulinets, ils donnent un mouvement de rotation au minéral & au mercure. On ne réferve que l'amalgame qui fe trouve au fond de l'eau ; ce qui furnage eft rejeté ; l'on fépare enfuite le mercure de l'argent en diftillant l'amalgame dans des cornues de fer.

Cette maniere d'extraire l'argent natif à l'Efpagnole, eft vicieufe :

1.° En ce qu'une portion des métaux parfaits fe fépare du mercure fous forme de chaux, lorfqu'on triture fous l'eau leur amalgame, & qu'alors cette chaux eft affez divifée pour refter quelque temps à la furface de l'eau.

2.° L'argent combiné avec l'acide marin, tel qu'il eft dans la *mine d'argent cornée*, qui, dans ces contrées fe trouve fréquemment avec l'argent natif, ne peut être féparé de cet acide par le moyen du mercure.

3.° Enfin, le lavage entraîne encore une

partie de cette mine d'argent cornée, & la torréfaction dissipe l'autre.

L'argent s'amalgame aisément avec le mercure, & quoique spécifiquement plus léger que ce dernier, il n'en a pas été plutôt pénétré, qu'il se précipite au fond du vase où se fait l'amalgame ; mais à mesure que la combinaison devient plus intime, l'amalgame perd de sa pesanteur, comme on a occasion de le remarquer quand on tient en digestion au feu le plus violent d'un bain de sable, une partie d'argent avec dix parties de mercure ; l'amalgame d'argent nage alors sur le mercure, & cristallise à sa partie inférieure ; les cristaux qu'il produit sont en prismes tétrahèdres articulés, terminés par des pyramides à quatre pans ; ces prismes composés d'octahèdres implantés les uns sur les autres, sont croisés de distance en distance par d'autres prismes semblables, mais moins longs, qui sont également terminés par des pyramides *(b)*.

On peut observer ici, que ces cristaux d'argent, par l'amalgame, ressemblent, quant à la

---

(b) Chaque once d'argent cristallisée par l'amalgame, retient huit onces de mercure. *Voyez* mes Mémoires de Chimie, *page 75.*

forme, à l'argent vierge cristallisé du Pérou &
de Sainte-Marie-aux-Mines; ce dernier, connu
sous les noms d'*argent en dendrites* ou *en végétation*, auroit-il de même été produit par l'intermède du mercure! je serois d'autant plus porté
à le croire, qu'on a trouvé depuis peu de
l'amalgame d'argent dans les mines de mercure
du Palatinat.

L'*arbre de Diane* est aussi un amalgame d'argent fait par l'intermède de l'acide nitreux *(c)*:
il résulte de cette expérience, que l'argent a
plus de rapport avec le mercure, qu'avec l'acide
nitreux, puisqu'il abandonne ce dernier pour
s'unir au mercure avec lequel il se combine en
cristaux prismatiques tétrahèdres très-fragiles,
& souvent si fins, qu'ils paroissent capillaires;
ces cristaux se forment perpendiculairement dans
le fluide, mais ils se renversent au moindre
mouvement, ou lorsque leur sommet se charge
d'une trop grande quantité de cristaux, ce qui

____

(c) Pour faire l'*arbre de Diane*, il faut, après avoir dissous
un gros d'argent de coupelle dans trois gros d'acide nitreux,
verser cette dissolution dans une chopine d'eau distillée, & y
ajouter quatre gros de mercure; ce mélange abandonné à lui-
même, offre, au bout de quelques jours, une cristallisation
d'argent, que ses accroissemens successifs ont fait comparer
à un arbrisseau.

les fait souvent rompre. J'ai reconnu qu'il ne falloit que quatre parties de mercure pour faire cristalliser l'argent, lorsque celui-ci avoit été séparé de l'acide nitreux, par l'intermède de ce demi-métal.

Après avoir mis cet amalgame dans un creuset, si l'on en dégage un peu rapidement le mercure, on trouve que les cristaux, en conservant leur forme, y ont pris de la consistance, & qu'ils ressemblent alors à l'argent vierge du Pérou. Il n'en est pas de même de l'autre amalgame, qui décrépite lorsqu'on l'expose au feu, & qui y devient ensuite fluide, parce qu'il contient trop de mercure.

L'argent est soluble dans tous les acides minéraux ; mais l'acide nitreux précipité, est celui qui le dissout le plus rapidement ; il en résulte un sel neutre corrosif, nommé *nitre lunaire, cristaux de lune,* &c. Ces cristaux sont blancs, minces, feuilletés, transparens ; lorsque la cristallisation se fait en grand, on les obtient en lames quarrées.

Si l'argent qu'on emploie pour la préparation du nitre lunaire contenoit de l'or, ce dernier métal resteroit au fond de la dissolution sous la forme d'une poudre noirâtre : cette séparation de l'argent d'avec l'or, par l'intermède de l'acide nitreux, est connue sous le nom de *départ (d)*; pour dégager ensuite l'argent de l'acide nitreux, on emploie ordinairement le cuivre, opération qu'on peut nommer *départ de l'argent par le cuivre;* elle se fait en mettant dans une grande quantité d'eau le nitre lunaire; on y introduit ensuite des lames de cuivre: l'acide nitreux s'unit à ce métal, & l'argent reparoît sous sa forme métallique, en s'unissant au phlogistique du cuivre: l'eau devient bleue, & tient en dissolution du nitre cuivreux.

On retire la plus grande partie de l'acide nitreux qui a servi dans cette opération, en faisant évaporer dans des bassines de cuivre la lessive de nitre cuivreux; cette lessive étant ainsi rapprochée, on la distille dans de grandes cucurbites de grès garnies de leurs chapiteaux, & auxquelles on a adapté pour récipient de grandes cornues de grès; la chaux de cuivre reste au fond de la cucurbite sous la forme d'une poudre noirâtre que l'on réduit en pains, en la fondant avec du charbon dans un four-

---

(*d*) On fait annuellement à la Monnoie, le départ d'environ quarante-deux mille marcs d'argent tenant or, & l'on prend cinquante-six sous pour le départ de chaque marc d'argent.

neau à manche; on peut voir toutes ces opérations dans les beaux ateliers de la Monnoie de Paris.

Lorsque, par le moyen du cuivre, on sépare l'argent de l'acide nitreux, ce dernier métal cristallise en prismes tétrahèdres, blancs, striés, brillans & terminés par des pyramides à quatre pans; pour obtenir ces cristaux réguliers *(e)*, il faut étendre de quarante parties d'eau la dissolution de nitre lunaire, & mettre le cuivre à plat sur le fond du vase.

Les cristaux de nitre lunaire noircissent à l'air; mais exposés au feu, ils se liquéfient, perdent l'eau de leur cristallisation, & produisent une masse grisâtre, qui devient fluide comme de l'eau : si on la verse alors dans une lingotière, on obtient des cylindres qu'on nomme *pierre infernale.*

L'acide marin combiné avec l'argent, forme un sel très-difficile à dissoudre, auquel on donne le nom de *lune cornée :* on prépare ordinairement ce sel en versant de l'acide marin dans une dissolution de nitre lunaire; la lune cornée qu'on

---

(e) S'il y a excès d'acide dans la dissolution d'argent, ce métal n'est point alors dégagé par le cuivre avec son brillant métallique, mais il est gris & terne.

obtient doit être lavée dans de l'eau distillée, & ensuite séchée.

Lorsqu'on expose au feu dans un creuset, de la lune cornée, elle fond très-promptement; versée sur un carreau, elle s'y fige, & forme une masse jaunâtre, transparente & insipide; mais si on l'expose à un degré de feu plus considérable que celui qui est nécessaire pour la fondre, & qu'on la verse ensuite sur un carreau, on obtient une masse brune & opaque, qui attire l'humidité de l'air ; on lui trouve alors une saveur salée; enfin, si l'on tient en fusion de la lune cornée à un degré de feu plus considérable encore, une partie se volatilise, tandis que l'autre passe à travers les pores du creuset *(f)*, en laissant à la surface extérieure de petits globules d'argent.

La lune cornée n'est point volatile dans les vaisseaux fermés; j'en ai soumis une once à la distillation dans une cornue de verre lutée, sous laquelle j'ai entretenu, dans le fourneau de réverbère, un feu assez fort pour la tenir rouge pendant deux heures; j'y avois adapté un récipient avec de l'huile de tartre par défaillance;

(f) Je me suis servi pour cette expérience, de creusets de Hesse.

il s'est formé sur ses parois quelques dendrites, résultantes de l'assemblage des cristaux d'une espèce de sel fébrifuge ; la lune cornée formoit au fond de la cornue une masse blanchâtre, demi-transparente, & très-adhérente à la cornue ; il ne s'est point sublimé de lune cornée dans cette distillation.

La lune cornée est soluble en partie dans une grande quantité d'eau distillée, & elle donne par l'évaporation, des cristaux figurés en lames quarrées.

Si l'acide marin précipite l'argent de la dissolution du nitre lunaire, c'est parce que l'acide nitreux venant à s'emparer d'une portion du phlogistique de l'acide marin, devient par ce moyen plus léger que cet acide qui se combine alors avec l'argent ; il est aisé de dégager l'acide marin de la lune cornée, en la distillant avec de l'acide vitriolique ; la masse blanche, demi-transparente qui reste au fond de la cornue, est un vitriol lunaire, qui exposé à l'air, en attire l'humidité, & y devient lilas ; ce sel est plus soluble dans l'eau que la lune cornée.

Lorsqu'on verse de l'alkali fixe ou de l'alkali volatil, dans une solution d'argent, il se fait un précipité ; si on l'expose au feu, l'argent reparoît au fond du creuset sous sa forme métallique.

PREMIÈRE ESPÈCE.

Argent vierge ou *natif*.

Il est blanc, brillant & ductile, & se trouve tantôt en masse plus ou moins considérable ; tantôt sous la forme de dendrites *(g)* ou d'arbrisseaux, qui lui ont fait alors donner le nom d'*argent vierge en végétation ;* dans ce dernier cas, il est en rameaux quadrangulaires & articulés, composés de petits octahèdres implantés les uns sur les autres.

J'ai vu de l'argent natif en gros cristaux octahèdres, dont tous les angles étoient tronqués ; ces cristaux étoient épars dans du spath calcaire de Kongsberg en Norwège.

Je possède aussi des cristaux d'argent natif en cubes isolés sur de l'argent en dendrites.

De l'argent natif cristallisé dont j'ai fait l'essai, s'est trouvé être à onze deniers douze grains, & contenir sept onces d'or par quintal ; cela est d'autant plus remarquable, que pour l'ordinaire, cet argent natif ne contient point d'or.

(g) Lorsque son tissu imite un réseau, les Espagnols le nomment *arané*, à cause de sa ressemblance avec une toile d'araignée.

VARIÉTÉS.

Argent vierge capillaire ou en filets contournés.

Cet argent capillaire ou en filets minces, brillans, contournés & flexibles, provient de la décomposition spontanée des mines d'argent rouges & vitreuses ; Henckel, après avoir observé que la mine d'argent d'un rouge-clair, ne s'altéroit par aucune vicissitude de l'air, ajoute : *mais celle qui est d'un rouge foncé se décompose quelquefois, & l'on remarque qu'à la longue, il se montre de l'argent natif à sa surface (h).*

L'argent capillaire se trouve aussi très-communément avec la mine d'argent vitreuse ; l'art peut même imiter de pareils morceaux : car il ne faut que calciner lentement la mine d'argent vitreuse, pour dissiper le soufre qu'elle contient, & en dégager l'argent sous la forme de filets capillaires blancs & flexibles. L'argent natif en feuilles superficielles, me paroît avoir la même origine.

La galène du Furstemberg, & les mines de cobalt noires ou lilas du Dauphiné, contiennent aussi de l'argent natif.

(h) Introduction à la Minéralogie, *Traduction françoise,* tome I, *page 94.*

Deuxième espèce.

Mine d'argent vitreuse ; Argent minéralisé
par le Soufre.

Cette mine est d'un gris noirâtre, s'étend
sous le marteau, & se laisse couper comme du
plomb ; elle cristallise en cubes ou en octahèdres
entiers ou tronqués par leurs angles : j'en ai
dont les octahèdres sont implantés les uns sur
les autres, à peu-près comme dans l'argent
vierge en végétation. Les plus riches mines
d'argent vitreuses rendent, au quintal, quatre-
vingt-quatre livres d'argent & seize livres de
soufre *(i)*. Le *rosehgewechs (k)*, dont parle
M. Justi, me paroît être une espèce de mine
d'argent vitreuse ; ce Minéralogiste dit, que
cette mine est d'un gris brunâtre ou noirâtre,

(i) La mine d'argent vitreuse d'Allemont, ne m'a produit
que de soixante-quatre à soixante-quinze livres d'argent par
quintal. On imite artificiellement cette mine sulfureuse, en
mettant du soufre sur de l'argent en fusion : il en résulte une
masse poreuse, noirâtre, qui, après avoir été fondue, se trouve
exactement en rapport avec la mine d'argent vitreuse.

(k) M. Brunnich écrit *roseh-gewachs*, & dit qu'en Hongrie
on appelle ainsi la *mine d'argent vitreuse fragile* des Saxons : que
sa couleur est noire, & que cette mine tient le milieu entre
l'argent rouge & l'argent vitreux.

& granuleuſe à ſa ſuperficie ; que ſa fracture eſt liſſe & d'un gris blanchâtre ; que ſouvent elle eſt mêlée avec des cubes d'argent natif ; qu'on ne la rencontre que par nids , & que malgré qu'elle produiſe quatre-vingt-deux livres d'argent par quintal, les Mineurs ſont fâchés de la rencontrer ; l'expérience leur ayant appris que la mine en devenoit moins bonne pour un temps.

TROISIÈME ESPÈCE.

Mine d'Argent noire; Nigrillo des Eſpagnols.

Elle eſt tantôt ſolide & tantôt ſpongieuſe, fragile, cellulaire & comme vermoulue.

Celle dont j'ai fait l'eſſai, étoit de cette dernière variété & noire comme de la ſuie : elle contenoit une grande quantité de ſoufre, du fer & du cuivre ; je n'en ai retiré que quinze marcs d'argent par quintal, mais le produit de cette mine eſt ſujet à varier, puiſqu'il s'en eſt trouvé qui rendoient juſqu'à cent treize marcs d'argent par quintal. Telle eſt celle qui, ſuivant M. Lehman, s'eſt rencontrée jointe à de la mine d'argent rouge, & à de la mine d'argent vitreuſe, à Oberſchona près de Freyberg en Saxe.

QUATRIÈME ESPÈCE.

Mine d'Argent grise ; Falherts des Allemands.

Cette mine est ordinairement cristallisée en pyramides triangulaires, lisse & brillante à sa surface : elle se réduit facilement en poudre, & contient, par quintal, soixante-treize livres d'arsenic, deux livres de fer, quatorze livres de cuivre & cinq marcs d'argent.

CINQUIÈME ESPÈCE.

Mine d'Argent cornée, Argent minéralisé par l'Acide marin, Lune cornée native.

La couleur de cette mine varie : de blanchâtre elle devient gris-de-lin , & elle perd alors de sa transparence ; il y en a qui devient brune & opaque, après avoir été exposée quelque temps à l'air : la lune cornée présente les mêmes phénomènes.

La mine d'argent cornée se trouve quelquefois cristallisée en cubes ; elle n'a pas de gangue particulière, mais elle accompagne presque toujours l'argent natif, on la coupe aussi facilement que de la cire : quand on l'expose au feu, elle fond très-promptement & s'y volatilise en partie.

Les divers échantillons d'argent vierge du Pérou, que j'avois ci-devant examinés, contenoient tous de l'argent corné; je préfumois, d'après cela, que cette combinaifon de l'argent avec l'acide marin, devoit être fort abondante dans ces mines; l'effai que je viens de faire de trois morceaux d'argent vierge du Pérou, qui m'ont été remis par M. de Saint-Émond, m'a confirmé dans ce fentiment : ils pefoient enfemble cinquante-cinq marcs, & l'argent corné, qui s'y trouvoit dans la proportion de plus d'un quart, enveloppoit chaque molécule d'argent natif.

La pulvérifation de la mine d'argent cornée, eft une opération préliminaire aux mélanges qu'on doit faire de cette mine avec les divers intermèdes deftinés à fon analyfe. On emploie ordinairement des mortiers de fer pour pulvérifer les mines qu'on veut effayer, mais lorfqu'on s'en fert pour divifer la mine d'argent cornée, l'acide marin abandonne l'argent pour s'unir au fer du mortier *(1)*. Ayant donc réduit de cette mine en poudre dans un mortier de fer poli,

____

(1) Lorfqu'on fépare de la mine d'argent cornée, l'acide marin par l'intermède du fer, l'argent refte à nu fous fa forme métallique, parce qu'alors il s'empare du phlogiftique du fer à mefure que celui-ci paffe à l'état de fel martial.

douze heures après toute la surface interne du mortier fut rouillée, la lune cornée artificielle privée d'eau par la fusion, & ensuite pilée dans un mortier de fer, le rouille encore plus promptement que la mine d'argent cornée.

D'après cette expérience, j'ai mêlé très-exactement dans un mortier de verre, parties égales de limaille d'acier & de mine d'argent cornée ; j'ai versé sur ce mélange quelques gouttes d'eau distillée, & après l'avoir trituré l'espace de deux ou trois minutes, je l'ai lessivé ; la dissolution passée par un filtre, n'étoit que peu colorée, & contenoit du sel martial ; si l'on y verse de la dissolution de nitre lunaire, il se précipite de la lune cornée *(m)*. Ayant versé de l'huile de tartre dans une partie de cette

____

(m) Il paroît d'abord assez singulier que dans les expériences rapportées ci-dessus, l'acide marin laisse l'argent de la mine cornée pour s'unir au fer qu'on lui présente, tandis qu'ici ce même acide marin quitte le fer de la dissolution du sel martial pour s'unir à l'argent du nitre lunaire, & former de nouveau de la lune cornée. Mais ce phénomène n'a lieu dans la seconde expérience, que par une double affinité. Le fer ayant plus de rapport avec l'acide nitreux que n'en a l'argent, & celui-ci ayant plus de rapport avec l'acide marin, qu'avec l'acide nitreux, il se fait un double échange qui n'auroit pas lieu sans la présence de l'acide nitreux qui s'empare du fer, en abandonnant l'argent dont l'acide marin se saisit.

leſſive, il s'eſt fait un précipité martial bleuâtre ; cette leſſive filtrée de nouveau, m'a donné par l'évaporation, des criſtaux cubiques de ſel fébrifuge de Silvius ; j'en ai mis quelques-uns dans une diſſolution de nitre lunaire ; il s'eſt précipité de la lune cornée.

La mine d'argent cornée, expoſée au feu dans un creuſet, fond, & ſe volatiliſe en partie, comme je l'ai dit ci-deſſus de la lune cornée, mais elle ne paſſe point comme celle-ci, à travers les pores du creuſet ; cela vient de ce que la matière graſſe, contenue dans la mine d'argent cornée, ſe décompoſe par l'action du feu, & reſtitue du phlogiſtique à une partie de la chaux d'argent.

Cette matière graſſe eſt auſſi ce qui altère l'acide marin qu'on obtient de la mine d'argent cornée, par la diſtillation ſans intermède *(n)*, & le rend acide marin volatil.

Si l'on diſtille cette mine avec de l'acide vitriolique, il paſſe de l'acide marin, & enſuite beaucoup d'acide ſulfureux. La lune cornée, lorſqu'on la diſtille avec de l'acide vitriolique,

---

(n) J'ai obtenu de tous les métaux ſpathiques diſtillés ſans intermède, un acide marin modifié ſemblable à celui qu'on retire de la mine d'argent cornée.

rend auſſi de l'acide marin, mais beaucoup moins
d'acide ſulfureux, parce que la matière graſſe
eſt en bien moins grande quantité dans cette
combinaiſon artificielle, que dans la mine d'argent cornée ; le réſidu de l'une & de l'autre
diſtillation, eſt un vitriol lunaire blanc, demi-
tranſparent & ſoluble dans l'eau.

Par la diſtillation ſans intermède, j'ai retiré,
de deux onces de mine d'argent cornée, dix
à douze gouttes d'eau inſipide ; en augmentant
le feu par degrés, une partie de l'acide marin
modifié, s'eſt dégagée, & en ſe combinant avec
l'alkali fixe qui étoit dans le récipient, elle a
formé une eſpèce de ſel fébrifuge ; l'intérieur
du col de la cornue étoit tapiſſé d'un enduit
blanchâtre très-ſalé, peſant environ trois ou
quatre grains ; c'étoit de l'argent corné, avec
excès d'acide. Après avoir paſſé deſſus de l'eau
diſtillée pour enlever cet excès d'acide, l'argent
corné s'eſt précipité au fond du vaſe. J'ai dé-
canté l'eau, & j'y ai verſé de la diſſolution de
nitre lunaire ; le mélange eſt devenu laiteux,
& il s'eſt précipité de la lune cornée.

Pour ſavoir ſi le ſel ammoniac formé par
l'alkali volatil, & l'acide marin modifié qu'on
retire de la mine d'argent cornée ſans intermède,
ſeroit ſemblable à celui que produit le même

alkali volatil, lorfqu'on le combine avec l'acide obtenu des métaux fpathiques, auffi fans intermède ; j'ai diftillé deux onces de mine d'argent cornée, dans une cornue de verre lutée, à laquelle j'avois adapté un récipient avec de l'eau foûlée à froid d'alkali volatil concret ; vingt-quatre heures après j'ai déluté les vaiffeaux, & j'ai trouvé dans le récipient des criftaux de fel ammoniac fpathique : ces criftaux, mis dans de la diffolution de nitre lunaire, font effervefcence, & en dégagent l'argent fous la forme d'une poudre citrine. Si, après avoir lavé & féché ce précipité on l'expofe au feu, il y perd promptement fon acide, & l'argent fe trouve au fond du creufet fous forme métallique.

Le fel ammoniac formé par l'alkali volatil, & l'acide marin retiré des métaux fpathiques fans intermède, perd à l'air l'eau de fa criftallifation, y effleurit, puis s'évapore.

Si l'on diftille dans une cornue du fel ammoniac fpathique, il fe décompofe pour la plus grande partie. De toutes les efpèces de fel ammoniac, je ne connois que celle où entre l'acide du fel marin, qui puiffe fe fublimer fans fe décompofer ; en effet, le fel fufible fe décompofe lorfqu'on le diftille ; le fel ammoniac vitriolique fe fublime en partie, mais une partie se décompose & donne de l'acide sulfureux. Le sel ammoniac nitreux étant exposé au feu dans une cornue, s'y décompose aussi ; enfin le sel ammoniac végétal se décompose à un degré de feu supérieur à celui de l'eau bouillante, ce qu'on a lieu de reconnoître lorsqu'on distille des crucifères au fourneau de réverbère.

Ayant dissous six gros de sel ammoniac spathique dans deux onces d'eau distillée, & mis cette dissolution dans une capsule sur un bain de sable ; au plus léger degré de chaleur, la décomposition du sel ammoniac s'est annoncée par l'odeur d'alkali volatil, & l'acide marin volatil s'étant en même temps dégagé, il n'est resté qu'une eau insipide au fond de la capsule.

Le sel ammoniac spathique ne change point en vert la couleur bleue de la teinture de violettes, comme le fait l'espèce de sel fébrifuge formé par l'alkali fixe & l'acide marin retiré des métaux spathiques sans intermède ; mais ce dernier sel, ainsi que le sel ammoniac spathique, fait effervescence avec les acides ; parce que l'acide marin volatil, que ces deux sels contiennent, est le plus léger des acides, & qu'il n'a d'ailleurs que très-peu d'adhérence, soit à l'alkali volatil, soit à l'alkali fixe.

Manière de réduire la mine d'Argent cornée.

Il résulte des expériences suivantes, qu'il ne faut point avoir recours à la torréfaction pour extraire de la mine d'argent cornée, le métal qu'elle contient : ayant fondu une partie de cette mine avec trois parties de flux noir, j'en ai retiré soixante - cinq livres d'argent par quintal de minéral.

J'ai calciné une autre partie de la même mine dans un test ; après un degré de feu assez fort pour le faire rougir, j'ai remarqué à la surface du minéral, une flamme bleue qui n'avoit point d'odeur ; quoique j'eusse employé le même flux que dans l'expérience précédente, je n'ai retiré de cette mine, après sa torréfaction, que trente-quatre livres d'argent par quintal.

Il y a des mines d'argent cornées qui produisent plus de soixante-quinze livres d'argent par quintal ; cette variation dans les produits, dépend de la quantité d'eau que ces mines contiennent, comme me l'ont indiqué les expériences suivantes.

J'ai pris un quintal de lune cornée en poudre blanche, telle qu'on l'obtient, en précipitant par l'acide marin l'argent dissous dans l'acide nitreux : après avoir eu la précaution de bien laver & de sécher ce précipité, je l'ai fait fondre avec trois parties de flux noir, & il m'a rendu soixante-six livres d'argent. Ayant ensuite pris un quintal de la même lune cornée, que j'avois privée d'eau par la fusion, je le mêlai avec trois parties de flux noir, & j'obtins, après la fusion, soixante-quatre livres d'argent, c'est-à-dire, huit livres de plus que dans l'expérience rapportée ci-dessus.

On peut conclure de tout ce qui précède, que la mine d'argent cornée ne diffère de la lune cornée artificielle, que par la matière grasse que cette mine contient, matière qui produit la flamme qu'on observe durant sa torréfaction.

M. Woulfe, dans ses expériences pour déterminer la nature de quelques substances minérales *(o)*, dit que l'argent & le mercure sont les seules substances qui soient minéralisées par l'acide marin, & que dans ces mines, l'argent & le mercure sont combinés, non-seulement avec l'acide marin, mais encore avec l'acide vitriolique *(p)*.

(o) Lûes à la Société Royale le 20 Juin 1776, & imprimées à Londres en 1777, sous ce titre : *Experiments made in order to ascertain the nature of some mineral substances, &c. in-4.°*

(p) *From the foregoing Experiments it appears, that the*

Il assure de plus, à la *page 16*, que les mines de fer spathiques, les mines de plomb vertes & blanches, les cristaux d'étain, la pierre cala-minaire, la manganaise & les mines de cobalt que j'ai dit être minéralisées par l'acide marin, n'en contiennent point du tout, mais seulement de l'*air fixe*, qui donne à l'huile de tartre, avec laquelle on le combine, la propriété de cristal-liser. On peut voir ci-dessus, *page 265*, ma réponse à cette objection.

M. Woulfe ajoute, que ces cristaux ne sont pas cubiques comme je l'ai avancé, mais seu-lement en aiguilles *(q)*. Si cet habile Chimiste, après avoir dissous ce sel dans de l'eau distillée, l'eût ensuite fait cristalliser, il n'auroit pas ha-sardé cette assertion.

Quant à la supposition que fait M. Woulfe, que je me suis servi dans mes expériences de l'acide vitriolique de M. Holker, lequel contient de l'acide marin; je répondrai que les Chimistes françois n'ignorent point le peu de pureté de

---

hornsilver is composed of silver united to the acids of salt and of vitriol; and that this last is nearly one third of the first, p. 14 & 19.

(q) M. Sage says, that the crystallizations in the upper part of the receivers in his experiments were composed of cubic crystals; but in all mine they were spiculae. Ibid. p. 19.

cet acide vitriolique, & qu'ils ont soin de ne l'employer dans leurs expériences, qu'après en avoir séparé l'acide marin.

SIXIÈME ESPÈCE.

Mine d'Argent rouge, nommée Rossi-clero, *au Potosi.*

Cette mine varie dans la forme & la couleur de ses cristaux, qui, suivant M. de Roméde l'Isle, sont des prismes hexahèdres, terminés par deux pyramides trihèdres obtuses, dont les plans sont rhombéaux. *Cristallogr. page 371, pl. VIII, figure 1.*

Le même Auteur fait mention d'un gros cristal solitaire d'argent rouge transparent, dont la forme est un cube qui a ses bords légèrement tronqués ; il fait partie de la belle collection de M. Boutin.

Quelquefois chacun des plans rhombéaux de la pyramide trihèdre, se partage en deux plans triangulaires ; la pyramide devient alors hexahèdre, obtuse ou alongée. J'en ai de cette dernière variété, qui sont de Guadalcanal en Espagne.

On trouve peu communément la mine d'argent rouge en cristaux réguliers, transparens comme des rubis ; mais il eſt aſſez ordinaire de la rencontrer d'un rouge plus foncé en maſſe ſolide ou mamelonnée , éparſe ou ſuperficielle dans différentes gangues. Elle eſt ſouvent mêlée de blende & de pyrites martiales.

Les expériences dont je vais rendre compte, m'ont fait connoître que la mine d'argent rouge contenoit de l'eau , de l'acide marin , de l'arſenic , du ſoufre & de l'argent ; le fer s'y rencontre auſſi quelquefois, mais accidentellement.

Il y a lieu de croire que dans cette mine, l'arſenic & l'argent ſont à l'état de chaux, puiſ-qu'on en trouve dont les criſtaux ſont tranſ-parens , rouges & brillans comme le rubis (r) ; j'ai obſervé que lorſque la mine d'argent rouge contenoit du fer , elle perdoit facilement à l'air ſa couleur & ſa tranſparence, pour prendre une couleur griſe plus ou moins foncée.

J'ai extrait l'eau & l'acide marin contenus dans la mine d'argent rouge, tranſparente du Pérou , par le procédé ſuivant ; après avoir pulvériſé une once de cette mine dans un mortier de marbre , je

---

(r) Toute ſubſtance métallique ne devient tranſparente qu'après avoir paſſé à l'état de chaux. La tranſparence & la métalléité , ſont incompatibles , & par conſéquent le prétendu *verre malléable* des Anciens , n'eſt qu'une chimère,

la diftillai dans une cornue de verre au fourneau de réverbère; je tins rouge pendant deux heures la cornue, à laquelle j'avois adapté un récipient avec de l'huile de tartre : l'acide marin volatil qui fe dégagea durant la diftillation, s'étant combiné avec l'alkali fixe, les parois du récipient fe tapifsèrent de criftaux cubiques; & vingt-quatre heures après la diftillation, j'en trouvai d'autres encore plus diftincts fous l'huile de tartre. Les criftaux de cette efpèce de fel fébrifuge, étoient un peu jaunes, parce qu'ils étoient mêlés avec de l'orpin; durant cette diftillation, la plus grande partie de l'arfenic & du foufre, contenus dans la mine d'argent rouge, fe fublimèrent dans le col de la cornue, où s'étant fondus, ils formèrent un enduit d'orpin, d'un jaune rougeâtre, parfemé de points de réalgar; il reftoit au fond de la cornue une maffe folide d'un gris noirâtre, qui étant pefée, m'a fait connoître que la mine d'argent rouge avoit diminué d'un feizième, dans cette diftillation.

Si l'on calcine dans un teft ce réfidu, la portion d'arfenic qu'il contient encore, fe dégage; l'argent & le foufre deviennent alors fluides, mais à mefure que le foufre fe décompofe, le mélange perd de fa fluidité, fe grumelle, & devient poreux; fi l'on entretient fous le teſt un feu propre à le tenir rouge, on voit ſortir de la maſſe noire & poreuſe, des filets d'argent brillans & capillaires, ſemblables à ceux qui ſe rencontrent ſur certaines mines d'argent vitreuſes.

Henckel rapporte dans ſon Traité de l'Appro- priation (ſ), « qu'il eſt parvenu, par le ſeul moyen d'un feu bien conduit, & ſans rien « ajouter, à faire végéter la mine d'argent rouge, « de ſorte qu'un demi-gros de ce minéral rem- « pliſſoit un vaiſſeau de deux pouces de diamètre, « ſous la forme d'un petit buiſſon. Il eſt donc « très-probable, ajoute cet Auteur, que les « petits arbriſſeaux d'argent vierge que l'on « trouve renfermés dans certaines cavités, & « ſans liaiſon, ſe ſont formés de la décom- « poſition d'une mine d'argent rouge. »

La mine d'argent rouge décrépite lorſqu'on la torréfie, ſi l'on n'a pas eu ſoin de la réduire en poudre fine; l'acide marin & l'arſenic ſe dégagent les premiers : ſi l'on pèſe ce qui reſte dans le teſt, après la volatiliſation de l'arſenic, on trouve que cette mine a perdu vingt livres par quintal, & qu'elle eſt parvenue à l'état d'argent vitreux.

(ſ) *Chapitre II, page 343* de la Traduction françoiſe.

En continuant la torréfaction jufqu'à ce que tout le foufre fe foit diffipé, l'argent paroît fous fa forme métallique en filets blancs & ductiles, mêlés d'une chaux d'argent en poudre grifâtre ; le réfidu ne pèfe plus alors que foixante-dix livres.

Ces expériences font connoître que la mine d'argent rouge contient du foufre, ainfi que Wallerius & Cronftedt l'ont avancé *(t)* : cependant Henckel le nie, *page 257, chap. IX de fa Pyritologie.* « La mine d'argent rouge, » dit-il, à l'exception de l'argent qu'elle con-» tient, eft purement arfenicale & totalement » dépouillée de foufre.

» La mine d'argent d'un rouge-clair, avance-» t-il ailleurs *(u)*, ne contient que de l'argent » & de l'arfenic ; celle d'un rouge foncé contient, outre cela, du foufre ». Pour moi, dans les effais que j'ai faits de ces deux fortes de mines, j'ai trouvé que l'une & l'autre contenoient de

------

(t) Argentum rude rubrum, vel argentum arfenico pauco fulphure & ferro mineralifatum, minerâ rubrâ, ante ignitionem liquabili. Wall. Min. 296.

Argentum, fulphure & arfenico mineralifatum. Cronft. Min. 170.

(u) Introduction à la Minéralogie, *tome I, page 92* de la Traduction françoife.

l'acide marin, de l'arſenic, du ſoufre & de l'argent; mais que celle dont la couleur étoit foncée
avoit ſouvent de plus, un peu de fer.

J'ai reconnu par l'expérience ſuivante, non-
ſeulement les trois minéraliſateurs dont je viens
de parler, mais encore une matière graſſe dans
la mine d'argent rouge.

En diſtillant une once de criſtaux d'argent
rouge, avec deux onces d'huile de vitriol, il
paſſa au degré de feu le plus léger, de l'acide
marin en vapeurs blanches, puis il ſe dégagea
beaucoup d'acide ſulfureux. Ayant augmenté le
feu par degrés, j'entretins la cornue rouge pendant une heure ; les vaiſſeaux refroidis, je
trouvai de la chaux d'arſenic le long du col
de la cornue, & vers le dôme, de petits mamelons de ſoufre citrin; le réſidu de la diſtillation étoit un vitriol lunaire, blanc & opaque.

L'acide ſulfureux, qui dans cette expérience,
ſe manifeſte ſi promptement & en auſſi grande
quantité, indique la matière graſſe contenue
dans la mine d'argent rouge. C'eſt cette même
matière graſſe, qui lors de la torréfaction des
criſtaux d'argent rouge, produit un charbon
qui reſtitue du phlogiſtique à la chaux d'argent;
car ce métal eſt à l'état de chaux dans la mine

rouge transparente, puisque l'argent sous forme métallique, est opaque.

Voulant déterminer si les cristaux d'argent rouge transparens du Pérou contenoient du fer (x), j'ai distillé une partie de cette mine avec deux parties de sel ammoniac; ce sel, en se sublimant, a pris une couleur jaune; je l'ai dissous dans de l'eau distillée, mais il ne s'est précipité que de l'orpin; la lessive étoit limpide, & ne s'est point altérée lorsque j'y ai mis de la poudre de noix de galle.

J'ai dit ci-dessus, que la mine d'argent rouge cristallisée perdoit, par la torréfaction, trente livres de son poids par quintal, & que le résidu de cette opération étoit de l'argent à l'état métallique, mêlé d'une poudre grise, qui n'est autre chose que de la chaux d'argent; voici une expérience qui vient à l'appui de cette assertion.

(x) Cramer rapporte dans sa *Docimastique*, tome *II*, page *181*, qu'après avoir sublimé la mine d'argent rouge dans des vaisseaux fermés, on peut tirer quelquefois de son résidu, à l'aide de l'aimant, un peu de fer, même des morceaux les plus purs.

Il résulte des expériences que j'ai faites sur différentes mines d'argent rouge, que le fer qu'on y rencontre, quelquefois n'y est qu'accidentel, & qu'il est fourni par des pyrites martiales.

Ayant

Ayant exposé à un feu violent le résidu de la calcination de la mine d'argent rouge, le métal s'est fondu ; j'ai laissé refroidir le creuset à l'air libre, & après l'avoir cassé, j'ai trouvé le culot d'argent cristallisé à sa surface *(y)* ; mais ayant remarqué que les parois du creuset étoient enduites d'un verre jaune demi-transparent, j'ai détaché ce verre, & l'ai fondu avec du flux noir : le petit culot d'argent qu'il m'a produit, m'a fait connoître que la matière grasse contenue dans les cristaux d'argent rouge n'y étoit pas en quantité suffisante pour restituer le phlogistique à la totalité de la chaux d'argent qui se trouvoit dans cette mine.

J'ai retiré de la mine d'argent rouge, transparente, soixante-dix livres d'argent par quintal ; il faut avoir soin d'en commencer la torréfaction dans des tests couverts, parce qu'elle décrépite en perdant l'eau de sa cristallisation. Pour obtenir de cette mine tout l'argent qu'elle peut rendre, il faut la fondre avec trois parties de flux noir, afin de réduire par ce moyen la

____

(y) La surface cristallisée de ce culot d'argent, offre six triangles, un peu de relief, résultans de la section de trois lignes qui se croisent ; chacun de ces triangles en renferme plusieurs autres assez saillans, mais diminuant progressivement, & dont les bases sont parallèles. Ce sont des élémens d'octahèdres.

portion de chaux d'argent que contient le réfidu de la calcination.

Remarque fur quelques paffages de Lehmann.

Cet Auteur, dans fon *Traité de la formation des métaux, page 24*, obferve ce qui fuit :

« Parmi les foffiles on trouve, dit-il, plus
» de corps tranfparens que parmi les métaux ;
» on m'oppofera ici la mine d'argent cornée,
» la mine d'argent rouge tranfparente, la mine
» de plomb en criftaux verts, &c : mais quelle
» eft la nature de ces corps ? tous trois font des
» métaux qui ont été minéralifés par l'arfenic,
» & fur-tout par l'acide du fel marin qui eft
joint avec lui. »

Mais Lehmann n'eft plus du même fentiment dans fon *Art des mines métalliques, page 115 & fuivantes.*

« La mine d'argent cornée n'eft, dit-il, que
» de l'argent prefque pur, mêlé avec un peu
» d'arfenic. La mine d'argent rouge eft com-
» pofée d'argent, d'arfenic, d'un peu de foufre
& d'une très-petite portion de terre martiale » :
& *page 118*, après avoir avancé que la mine de plomb verte & la blanche, ont le tiffu & la

forme du spath : « Je pense, ajoute-t-il, qu'elles « n'en diffèrent que par les exhalaisons métal- « liques qui les ont pénétrées & chargées de « métal ».

On voit par ces passages, que Lehmann n'a, pour ainsi dire, prononcé qu'au hasard sur le sujet dont il s'agit, ayant tantôt admis & tantôt rejeté l'acide marin comme minéralisateur dans les mines que je viens de citer.

SEPTIÈME ESPÈCE.

Mine d'Argent blanche antimoniale; Argent & Antimoine minéralisés par le Soufre.

A l'inspection de cette mine, qui est blanche comme l'argent ou le bismuth, on seroit porté à croire que c'est de l'argent natif, mais elle en diffère par son tissu & par les substances étrangères qu'elle renferme. La mine d'argent blanche antimoniale de Casalla *(z)* est fragile & brillante, ainsi que celle de même nature, trouvée dans la principauté de Furstemberg; la première paroît composée de lames quarrées;

(z) Minière située à quatre lieues de celle de Guadalcanal; l'une & l'autre sont exploitées par une Compagnie françoise.

la feconde eft granuleufe ou en très-petits criftaux polyhèdres , quelquefois même en prifmes
ftriés dont la furface eft comme argentée; toutes
les deux ont pour gangue le fpath calcaire : la
dernière eft prefque toujours mêlée de galène.

La mine d'argent blanche de Cafalla , expofée
au feu dans un teft , devient fluide comme de
l'eau : lorfqu'on a chauffé le teft jufqu'à l'incan-
defcence , il fe dégage de cette mine de l'acide
fulfureux & des fleurs blanches d'antimoine ;
ce qui refte fur le teft après la torréfaction , eft
une maffe poreufe & grifâtre d'argent ductile ,
& de la chaux d'antimoine grife ; la mine n'a
diminué durant cette opération , que de neuf
livres par quintal.

J'ai réduit cette mine calcinée , en la fondant
avec trois parties de flux noir , elle m'a donné ,
par quintal , foixante-huit livres d'un régule gris
& fragile criftallifé à fa furface.

Ayant coupellé ce régule avec douze parties
de plomb , j'ai eu un bouton d'argent fin , qui
m'a fait connoître que le régule perdoit un
quart de fon poids par la coupellation : la
mine ne contient donc réellement par quintal ,
que cinquante-une livres d'argent , & environ
vingt-cinq livres de régule d'antimoine , dont
huit fe font diffipées fous forme de fleurs

blanches d'antimoine, durant la torréfaction.

Pour reconnoître encore mieux la préfence de l'antimoine dans cette mine d'argent blanche, j'en ai diftillé une partie avec fix parties de fel ammoniac, & il s'eft fublimé du foufre doré d'antimoine, ainfi que du fel ammoniac ; le réfidu de la diftillation étoit un culot blanc plus ductile que celui qui m'avoit été fourni par la réduction avec le flux noir : ce culot fe trouvoit environné d'un fel marin calcaire, formé par la combinaifon de l'acide marin du fel ammoniac avec le fpath calcaire, qui fervoit de gangue à la mine d'argent blanche.

Ce culot d'argent antimonié ayant été coupellé avec douze parties de plomb, j'ai reconnu qu'il ne contenoit qu'un cinquième d'antimoine, tandis que l'argent obtenu de cette même mine par la réduction avec le flux noir, renfermoit un quart de fon poids de ce demi-métal.

Pour féparer du fel ammoniac l'antimoine, avec lequel il s'eft fublimé, il faut diffoudre ce fel dans de l'eau diftillée ; on trouve alors au fond du vafe une poudre d'un gris rougeâtre, qui eft le foufre doré & l'antimoine crud qui s'étoient fublimés conjointement avec le fel ammoniac. Cette poudre étant mife fur des charbons ardens, s'y fond, produit de l'acide sulfureux, & le régule d'antimoine se dissipe sous la forme d'une fumée blanche.

Il résulte des essais précédens, que la mine d'argent blanche de Casalla, contient, par quintal.

Argent. . . . . 51 livres.
Régule d'Antimoine. . . 25.
Soufre. . . . . 24.
TOTAL. . . . . 100.

HUITIÈME ESPÈCE.

Mine d'Argent en plumes.

Cette mine qu'on rencontre en filets élastiques d'un bleu noirâtre, n'est à proprement parler, qu'une mine d'antimoine en plumes grises tenant argent.

Lehmann & Cronstedt, ont avancé que la mine d'argent en plumes ne rendoit que deux à cinq onces au plus d'argent par quintal ; mais j'ai reconnu que la manière dont on procédoit au traitement de cette mine, influoit beaucoup sur son produit ; en effet, si l'on cherche à la réduire avant d'avoir commencé par en séparer l'antimoine, on n'en obtient alors que quelques onces d'argent par quintal, tandis que par le procédé suivant, j'ai retiré constamment par quintal de mine, jusqu'à huit marcs d'argent.

Ayant distillé une partie de mine d'argent en plumes avec douze parties de sel ammoniac, il s'est sublimé du soufre doré natif, & il m'est resté au fond de la cornue, de la lune cornée. Par la fusion de ce résidu, avec quatre parties de flux noir, j'ai obtenu un culot d'argent, qui, comme je l'ai dit ci-dessus, s'est trouvé dans le rapport de huit marcs par quintal.

Après avoir dissous dans de l'eau distillée, le sel ammoniac qui s'étoit sublimé, j'ai filtré cette lessive, & j'ai reconnu par le soufre doré resté sur le filtre, que l'antimoine joint au soufre, étoit dans cette mine, dans la proportion de quatre-vingt-seize livres par quintal. J'ai déjà remarqué dans mes *Mémoires de Chimie, page 178*, que le soufre doré, pouvoit être porté à l'état d'antimoine par la seule fusion.

Si l'on expose au feu dans un creuset, de la mine d'argent en plumes, elle y fond très-promptement; une partie de l'antimoine contenu dans cette mine se volatilise, l'autre partie se vitrifie, & il reste au fond du creuset une minicule d'argent, recouverte par du verre d'antimoine. Cette mine ne m'ayant donné, par ce moyen, que trois onces d'argent au quintal, il est aisé de voir que la plus grande partie de ce métal s'est volatilisée avec l'antimoine.

NEUVIÈME ESPÈCE.

Mine d'Argent blanche des Mineurs.

On désigne sous ce nom, une mine de plomb sulfureuse fort riche en argent ; elle diffère ordinairement des autres galènes, par son tissu compacte, où l'on ne distingue, ni points, ni facettes brillantes ; ce qui la rend beaucoup moins fragile, sans être beaucoup plus dure.

La mine de cette espèce, dont j'ai fait l'essai, venoit du Pérou ; elle m'a rendu par quintal, trente-six livres de plomb & sept marcs d'argent, lesquels ne contenoient point d'or.

Les Espagnols n'exploitent point au Pérou ces sortes de mines : ils préfèrent celles où l'argent natif se rencontre, ne fût-ce qu'en petite quantité, à celles dont l'argent ne peut être extrait que par le moyen du feu ; ces dernières y sont néanmoins très-riches, & plus abondantes que l'argent natif.

On trouve dans la principauté de Furstemberg, une galène très-riche en argent natif, elle diffère en cela de la mine blanche, dont il est ici question, dont l'argent n'est point sensiblement apparent, mais combiné avec le soufre & le plomb dans la galène.

DIXIÈME ESPÈCE.

Mine d'Argent merde d'oie : Mine d'Argent molle.

Quelques Naturalistes ont donné le nom de *mine d'argent merde d'oie*, à de l'argent natif qu'on trouve dans du kupfernickel en partie décomposé ; la couleur de cette mine est verdâtre, à peu-près comme les excrémens de l'oie. Cronstedt rapporte dans sa Minéralogie, qu'on en a trouvé en Suède, dans la mine de fer de Normarck en Wermeland ; il y en avoit autrefois à Ehrenfriedersdorf en Saxe, suivant M. Lehmann.

La mine d'argent merde d'oie d'Allemont en Dauphiné, est verdâtre, sur un fond brun, & contient souvent de l'argent natif en filets capillaires : on voit des morceaux de cette mine composés de différentes couches, les unes grises, avec des points brillans comme de l'acier, les autres verdâtres & très-fragiles ; l'efflorescence lilas qu'on remarque en divers endroits de leur fracture, est un vitriol de cobalt.

D'autres morceaux de cette mine offrent plusieurs nuances de vert, outre l'efflorescence lilas,
& la terre martiale brune qui l'accompagnent
toujours; en général, cette mine me paroît être
une décomposition du kupfernickel, par le
moyen des pyrites martiales. L'efflorescence
qu'on observe quelquefois à la surface du *kupfernickel* dépourvu de pyrite martiale, est d'un
vert tendre.

On parvient à déterminer la nature des parties
intégrantes de la mine d'argent merde d'oie,
en faisant usage des moyens suivans.

Lorsqu'on distille deux onces de cette mine
dans une cornue de verre lutée, quelques
gouttes d'eau insipide se dégagent d'abord : il
se sublime ensuite dans le col de la cornue, de
la chaux blanche d'arsenic, puis un peu d'orpin;
vers la fin de la distillation, ce qui se dégage
est de l'acide sulfureux volatil. Si l'on adapte
à la cornue un récipient avec de l'huile de tartre
par défaillance, il ne se forme point de sel fébrifuge au fond de ce récipient ; le résidu noir
qu'on trouve au fond de la cornue, pèse un
quart de moins que la mine employée ; la plus
grande partie de ce qui s'est sublimé est de
l'arsenic; la petite quantité de soufre qui passe

avec l'arfenic , eft fournie par de la pyrite martiale.

La mine d'argent merde d'oie, ne perd guère plus par la torréfaction , que par la diftillation ; cette mine calcinée eft brune , légèrement attirable par l'aimant , & ne fait point effervefcence avec les acides.

Par la fufion avec trois parties de flux vitreux , cette mine donne un culot mélangé de fer, de cobalt , de cuivre & d'argent ; fi l'on coupelle ce culot avec dix parties de plomb, il fe forme une croûte noire à fa furface, le plomb abforbe le cuivre, & l'argent refte dans la fcorie noire, ce qui ne permet pas alors de déterminer combien cette mine contient d'argent par quintal ; mais il arrive ordinairement que dans le culot qu'on obtient , l'argent fe trouve à côté du cobalt, alors on fépare aifément ces fubftances métalliques en forgeant le culot ; le régule de cobalt martial fe réduit en poudre , & l'argent uni au cuivre , s'étend fous le marteau.

Si l'on fond enfemble trois parties de *minium* , une partie de mine d'argent merde d'oie calcinée, & huit parties d'alkali fixe mêlées avec un peu de poudre de charbon, on obtient un culot de plomb , à la furface duquel fe trouve une masse métallique fragile, composée de cobalt & de fer ; le plomb s'est alors emparé du cuivre & de l'argent, & l'on détermine, en le coupellant, en quelle quantité l'argent s'y rencontre *(a)*.

Onzième Espèce.

Mine d'Argent alkaline de M. de Justi.

M. de Justi trouva cette mine d'argent en 1751, près d'Annaberg dans la basse Autriche : elle a pour gangue, de la terre calcaire, & l'on y découvre quelquefois avec la loupe, de l'argent sous forme métallique ; il s'est rencontré dans la même minière de l'argent rouge, & *du roschgweich* ; mais M. de Justi, n'a donné le nom de *mine d'argent alkaline*, qu'à celle dont les morceaux blanchâtres & cassans, n'offroient pas sensiblement de molécules d'argent natif. Quoique ce Chimiste ait avancé que la substance minéralisante qui s'y trouve est l'alkali minéral ;

(a) Si je n'indique point ici la quantité d'argent que contient cette mine, c'est qu'elle varie par son produit ; dans les essais que j'en ai faits, les unes ne m'ont rendu que quelques onces d'argent par quintal, tandis que d'autres en contenoient près du quart de leur poids : en lavant ces dernières, il est aisé d'en séparer l'argent natif qui s'y rencontre.

dans les effais que j'ai faits de cette mine, j'ai reconnu qu'elle n'étoit compofée que de terre calcaire & d'argent corné. Ce n'eft donc point une efpèce particulière.

L'ayant foumife à la diftillation dans une cornue de verre lutée à laquelle j'avois adapté un récipient avec de l'huile de tartre, j'ai trouvé fur les parois du récipient des criftaux cubiques, femblables à ceux que m'a fourni la mine d'argent cornée par la même opération.

Après avoir trituré cette mine dite *alkaline*, avec de la limaille de fer & de l'eau diftillée, j'ai filtré cette leffive, & j'y ai verfé de la diffolution de nitre lunaire; il s'eft fait un précipité qui étoit de la lune cornée.

Cette mine ayant été fondue & réduite avec parties égales de *minium*, fix parties de flux noir, & une de charbon en poudre : le plomb d'œuvre que j'ai obtenu m'a donné un produit de quatre marcs d'argent par quintal.

DOUZIÈME ESPÈCE.

Mine d'Argent figurée.

« Ce n'eft point ici une efpèce de mine d'argent particulière ; ce font des fubftances « végétales ou animales, foffiles, dans lefquelles «

» l'argent se rencontre en plus ou moins grande
» quantité, soit qu'il soit vierge ou minéralisé ;
» cette mine n'est donc point figurée par elle-
même, mais par les corps qui la contiennent. »
*M. de Romé de l'Isle , Description méthodique
des Minéraux , page 43.*

Telle est la mine d'argent en *épis de blé* qu'on
trouve à Frankenberg en Hesse , dans une
espèce de schiste gris ; ces épis, comme le
remarque M. de l'Isle , sont des *cônes* ou *écailles
de pin* comprimées ; ce sont ces écailles qui ont
été prises pour les pointes ou barbes de ces
prétendus épis de blé.

La mine d'argent figurée n'est souvent que
des portions de bois minéralisé où l'argent se
trouve mêlé avec du fer, du cuivre, du soufre
& de l'arsenic.

*TABLEAU du produit des différentes espèces
de mines d'Argent.*

		Rend par quintal.
Argent vierge		100 livres.
Mine d'Argent	vitreuse	84.
	cornée	75.
	rouge	70.
	blanche antimoniale	51.
	noire	$7\frac{1}{2}$ & plus.

Rend par quintal,

Mine d'Argent { en plumes. . . . . . . 4 livres.
blanche des Mineurs. 3 $\frac{1}{2}$.
grife. . . . . 2 $\frac{1}{2}$.
alkaline de Jufti. . . 2.

L'argent natif étant féparé de fa gangue, n'a befoin que d'être fondu pour être obtenu dans fon état de perfection.

Les mines d'argent rouges & vitreufes, n'exigent point d'être traitées par le plomb; il fuffit de les torréfier, puis de les fondre au fourneau de réverbère; on ne paffe au plomb que les fcories qu'elles laiffent fur l'aire du fourneau.

Pour tirer le meilleur parti poffible de la mine d'argent cornée, il faut la traiter avec de la terre calcaire rendue fufible par le moyen de fcories martiales; l'acide marin fe combine alors avec la terre calcaire, & l'argent fondu fe trouve fous ces fcories.

La mine d'argent grife, de même que toutes celles qui ne contiennent qu'une petite quantité d'argent, doivent être torréfiées; on fond & réduit enfuite leur réfidu dans un fourneau, avec douze parties de litharge; le plomb qui en réfulte étant paffé à la coupelle, abandonne l'argent qui étoit contenu dans ces mines.

OR.

L'or est un métal d'un jaune brillant, qui varie dans ses nuances; il est le plus pesant, le plus inaltérable & le plus ductile des métaux; lorsqu'il a été battu sur l'enclume, il acquiert de l'aigreur, & se déchire plutôt que de s'étendre; tous les métaux passent par cet état qu'on a désigné sous le nom d'*écrouissement* (b). On rétablit la ductilité d'un métal en le faisant *recuire*, c'est-à-dire, chauffer jusqu'à l'incandescence. L'or ne se fond que quand il est bien rouge, alors il entre en bain, & présente une couleur verte bleuâtre, semblable à celle de l'aigue marine.

L'or se rencontre presque toujours sous forme métallique, tantôt en masses solides ou cristallisées, tantôt en paillettes, en filets ou en poudre très-fine; dans ce dernier état, pour le retirer des terres auxquelles il est mêlé, il faut le laver à la sebille : l'or par sa pesanteur, se précipite au fond, & les terres sont entraînées par le

____

(b) L'or est beaucoup plus sujet à s'écrouir que tout autre métal; il augmente en pesanteur absolue d'un cent quatre-vingt-sixième par cette opération. M. Brisson, de l'Académie royale des Sciences, a reconnu que tous les métaux augmentoient en pesanteur absolue par l'écrouissement.

lavage

lavage. On nomme *arpailleurs*, ceux qui travaillent à extraire de cette manière l'or que charient les sables de certaines rivières.

L'or se trouve quelquefois minéralisé avec le soufre ou l'arsenic, par l'intermède du fer ; alors il ne peut être extrait par l'amalgame, il faut, pour y parvenir, que ces mines aient été grillées, & cette méthode même, comme on le verra ci-après, n'est pas celle qui produit le plus de métal.

L'or est dissoluble par l'eau régale, par le foie de soufre & par le mercure.

La dissolution de l'or par le moyen de l'eau régale *(c)*, est d'un beau jaune lorsque ce métal

---

(c) L'eau régale peut se préparer par le mélange des acides nitreux & marin, mais on la fait ordinairement en mettant dans de l'acide nitreux précipité, un cinquième de sel ammoniac : l'acide nitreux que j'emploie, pèse une once trois gros dans un flacon qui contient une once d'eau distillée.

L'eau régale présente un phénomène bien digne d'être remarqué, c'est que les acides nitreux & marin, qui, pris séparément, n'ont aucune action sur l'or, & dissolvent très-bien l'argent, cessent lorsqu'ils sont réunis de dissoudre l'argent, & forment alors le véritable dissolvant de l'or. Il peut donc y avoir dans un composé une force qui résulte de la seule composition, puisqu'elle n'existoit pas dans les parties composantes.

eft pur, mais lorfqu'il contient du cuivre elle eft verte.

Si l'on met à évaporer une diſſolution d'or, on obtient des criſtaux jaunes, tranſparens, en octahèdres tronqués ; ce ſel eſt déliqueſcent : lorſqu'on l'expoſe au feu pour le priver de l'eau de ſa criſtalliſation, il y prend une belle couleur rouge foncée.

L'or précipité de ſa diſſolution par l'alkali volatil, eſt au fond du vaſe ſous la forme d'un *magma* jaunâtre ; ce précipité, bien lavé & ſéché, eſt connu ſous le nom d'*or fulminant*, & pèſe un quart de plus que l'or qu'on a employé.

On a reconnu que pour donner au précipité d'or la propriété de fulminer, il falloit que l'eau régale eût été faite avec le ſel ammoniac, & que ſi cette eau régale avoit été préparée par le ſimple mélange des acides nitreux & marin, il falloit précipiter l'or par l'alkali volatil ; en gé-néral l'alkali volatil eſt plus propre à précipiter l'or que les autres alkalis, qui ne précipitent point ce métal lorſque ſa diſſolution eſt étendue de beaucoup d'eau, mais ſi on y verſe un peu d'alkali volatil, l'or ſe précipite auſſi-tôt.

L'or fulminant eſt ſoluble dans la plupart des acides, il peut enſuite en être précipité par l'alkali volatil, & il se retrouve à l'état d'or fulminant.

L'or fulminant a des propriétés semblables à celles du phosphore ; frotté, il s'enflamme & fulmine ; chauffé, il répand une flamme d'un bleu jaunâtre & fulmine : ces phénomènes n'ont lieu que parce qu'il existe un vrai phosphore dans cette préparation. Lorsqu'on précipite l'or de sa dissolution par l'alkali volatil *(d)*, l'acide phosphorique de l'alkali s'unit par l'intermède de l'or avec la matière inflammable en excès dans cet alkali, & forme un phosphore qui, engagé & retenu par l'or très-divisé, ne se manifeste qu'au moment où l'on échauffe cet or, soit par le simple frottement, soit par le moyen du feu.

Observation sur la décomposition de l'Or fulminant.

On a dit que durant la fulmination de l'or,

(d) J'ai observé ci-dessus, *page 47*, que les précipités mercuriels, soit par les alkalis fixe ou volatil, soit par l'eau de chaux, acquéroient la propriété de fulminer lorsqu'on les mêloit avec une petite quantité de soufre. Si l'or, pour fulminer, n'a pas besoin de ce dernier intermède, c'est que la portion de phlogistique que retient l'or précipité, jointe à ce qui en est fourni par l'alkali volatil, est ici suffisante pour produire la quantité de phosphore nécessaire à ce phénomène.

ce métal n'éprouvoit aucune altération, ce qui est vrai; lorsqu'on expose l'or fulminant au feu sur une lame d'argent *(e)*, de cuivre ou de fer; dans tous ces cas, une partie de l'or se trouve en effet incrustée sur ces métaux. Mais si l'on fait fulminer l'or sur une lame d'étain ou de plomb, d'une demi-ligne d'épaisseur, il n'en est plus de même : on trouve une cavité *(f)* à l'endroit du métal, sur lequel on avoit placé l'or fulminant; & je n'ai point remarqué qu'il restât en cet endroit d'or incrusté, tant sur l'une que sur l'autre de ces lames. J'imaginai donc de faire fulminer l'or dans des feuilles d'étain ou de plomb roulées en petits cornets, que j'avois eu soin de fermer après y avoir introduit l'or. Les ayant exposés au feu de quelques charbons, l'or fulmina, j'ouvris mes cornets, & je trouvai sur leurs parois une poudre noirâtre. Le même phénomène a lieu lorsqu'on fait fulminer l'or dans du papier ou dans une carte à jouer.

(e) Un demi-grain d'or fulminant laisse après l'explosion une cavité propre à recevoir un pois.

(f) J'ai remarqué que c'étoit dans l'argent que l'or s'incrustoit le plus, quoiqu'il s'incrustât de même lorsqu'on le faisoit fulminer sur une lame d'or ou de platine.

Ayant étendu *(g)* de l'or fulminant sur du papier, je l'exposai à la chaleur des charbons ardens; après l'explosion, je trouvai la surface du papier sur laquelle j'avois mis l'or fulminant, enduite d'une couleur violette foncée ; l'autre surface étoit restée blanche, & n'avoit point été altérée par le feu.

Ayant remarqué qu'il se perdoit une partie de l'or qu'on faisoit fulminer à l'air libre, sur une simple feuille de papier, je mis cet or fulminant *(h)* entre deux feuilles, qui après l'explosion, se trouvèrent enduites d'une poudre violette.

J'ai fondu sur un tesson de porcelaine une partie de ce résidu de la fulmination de l'or avec seize parties de verre blanc *(i)*, & j'ai obtenu un verre pourpre; le précipité de Cassius fondu dans la même proportion avec du verre

---

(g) Si l'on n'avoit pas cette attention, le papier seroit déchiré dans l'instant de l'explosion.

(h) Pour que le papier ne crève pas, je n'emploie, dans chaque expérience, qu'un sixième de grain d'or fulminant, & je n'ouvre les papiers qu'après qu'ils sont refroidis.

(i) Si l'on employoit moins de verre dans la fusion de ce résidu de la fulmination de l'or, ou dans celle du précipité de Cassius, l'or reparoîtroit en partie sous sa forme métallique, par la raison que l'air & le feu ayant alors plus d'action sur la chaux de ce métal, donneroient lieu à sa réduction.

blanc, a produit fur le même inventaire, un verre pourpre femblable.

Le réfidu de la fulmination de l'or dans des feuilles d'étain ou de plomb, eft également vitrifiable, & colore de même le verre blanc en pourpre.

La couleur pourpre de la chaux d'or, & que prend auffi la diffolution de ce métal, mife fur la peau, fur de l'ivoire, fur du marbre, fur du bois ou du papier, me paroît produite par l'union de l'or avec l'acide phofphorique, qui eft une des parties intégrantes de ces mêmes fubftances, & qui dans tous ces cas réduit l'or à l'état de chaux.

Le réfidu de l'or qui a fulminé dans un cornet de plomb, étant une poudre noirâtre, vitrifiable comme le précipité de Caffius, j'imaginai que le plomb pourroit, ainfi que l'étain, produire le pourpre minéral, ce qui m'a été confirmé par les expériences fuivantes.

Ayant mis une lame de plomb dans une diffolution d'or étendue de beaucoup d'eau diftillée, la furface de cette lame a noirci, & au bout de vingt-quatre heures, la diffolution eft devenue claire & limpide (k) ; j'ai retiré la

---

(k) Après avoir précipité par l'alkali fixe, le plomb qui

lame de plomb couverte d'un enduit brun : après l'avoir lavée dans de l'eau diſtillée , & l'avoir fait ſécher , je l'ai ratiſſée & j'en ai ſéparé très-aiſément une poudre griſe qui peſoit deux tiers de plus que l'or que j'avois employé.

Ayant fondu ſur un teſſon de porcelaine , une partie de ce précipité gris avec ſeize parties de verre blanc , j'en ai obtenu un verre pourpre , ſemblable à celui que produit le précipité d'or de Caſſius , lorſqu'on en fond une partie avec quatre-vingt-quatre parties de verre blanc.

Voulant auſſi déterminer l'effet de la ful-mination de l'or , ſur les ſubſtances demi-métalliques , j'ai trouvé après l'exploſion , qu'une partie de l'or s'étoit incruſtée ſur les régules de cobalt & de zinc : l'or que j'ai fait fulminer ſur les régules d'arſenic , d'antimoine & de biſmuth , a teint en violet la ſurface de ces demi-métaux.

Les différentes ſubſtances métalliques ſont propres à ſéparer l'or de ſa diſſolution dans l'eau

---

avoit paſſé dans cette diſſolution , je l'ai miſe à évaporer , j'en ai retiré du nitre & du ſel fébrifuge ; pendant que le plomb opère la ſéparation d'une partie de l'or tenu en diſſolution dans l'eau régale , l'acide marin qui fait partie de ce menſtrue , ſe combine avec le plomb , & forme un plomb corné , qui eſt mêlé avec l'or dans la diſſolution.

régale ; mais j'ai reconnu que toutes celles dans lesquelles l'or s'incrustoit après la fulmination, précipitoient ce métal sous forme métallique ; & que celles au contraire sur lesquelles l'or, après avoir fulminé, se convertissoit en une poudre violette, le séparoient de cette même dissolution, sous la forme d'une poudre également violette, & semblable au précipité de Cassius ; l'étain & le plomb possèdent éminemment cette propriété, ensuite le bismuth, puis le régule d'antimoine, & enfin celui d'arsenic : mais ces trois derniers n'altèrent qu'une partie de l'or, ainsi qu'on le voit par les expériences suivantes.

Ayant mis dans une dissolution d'or étendue de beaucoup d'eau distillée *(1)*, un lingot de bismuth, sa surface devint noirâtre ; vingt-quatre heures après, je lavai ce lingot, je le fis sécher, & je ratissai la poudre brune qui étoit à sa surface : sous cet enduit je trouvai de l'or à l'état métallique, incrustant le bismuth.

Par la vitrification de la poudre brune avec huit parties de verre blanc, j'obtins un verre pourpre.

____

(1) J'avois étendu la dissolution de deux cents parties d'eau,

Le régule d'antimoine m'a produit des résultats semblables.

Quant au régule d'arsenic, mis dans la dissolution d'or étendue de beaucoup d'eau distillée, il a dégagé ce métal sous forme de feuillets jaunes & brillans, dont une partie adhéroit à la surface du régule d'arsenic; j'ai trouvé au fond du vase un peu de précipité brun, qui avoit, comme les précédens, la propriété de colorer le verre blanc en pourpre.

On voit par ce qui précède, que quand on fait fulminer l'or sur de l'argent, du cuivre, du fer, de la platine, du régule de cobalt ou du zinc, une partie de l'or s'incruste dans ces substances métalliques; au contraire, lorsque l'explosion se fait sur de l'étain, du plomb, du bismuth, du régule d'antimoine ou du régule d'arsenic, l'or fulminant se convertit plus ou moins en une poudre violette, qui me paroît avoir les propriétés des chaux métalliques qui se vitrifient; on doit conclure enfin de ces expériences, que l'étain & le plomb peuvent également précipiter l'or de l'eau régale, dans un état propre à être vitrifié.

Si l'on mêle une dissolution d'or avec de l'éther, celui-ci s'unit à l'or, prend une belle couleur jaune, & l'eau régale reste claire &

limpide, au fond du flacon ; peu de temps après l'or se sépare de l'éther, reprend son brillant métallique, & paroît cristallisé à sa surface.

Le mercure dissout l'or avec une rapidité singulière, cette opération se nomme *amalgame ;* si l'on tient en digestion une partie d'or avec vingt parties de mercure, & qu'on laisse le tout exposé pendant sept heures au bain de sable, à un degré de chaleur assez fort pour faire presque bouillir le mercure, on trouve l'amalgame d'or adhérent au fond de la cornue : le mercure surabondant le surnage. Une once d'or amalgamé & cristallisé, retient six onces de mercure ; ses cristaux sont des prismes tétrahèdres, souvent tronqués de biais, & quelquefois terminés par des pyramides à quatre pans *(m)*. L'amalgame d'or est gris, & ne se ternit point à l'air.

Brandt rapporte, que si on laisse digérer lentement de l'or avec du mercure, on ne peut plus l'en séparer, ni par la calcination la plus forte avec le soufre, ni par la fonte, plusieurs

---

(m) Ces cristaux ne diffèrent de l'octahèdre que par le prisme interposé entre les deux pyramides à quatre pans : leur forme prismatique semble indiquer qu'ils sont avec excès de mercure,

fois répétée au feu le plus violent ; l'or qu'il avoit obtenu par cette combinaison, étoit blanc & fragile.

Pour déterminer le titre de l'or, on en suppose une quantité quelconque, divisée en vingt-quatre parties égales, nommées *karats (n)* ; chaque karat se subdivise en trente-deux autres parties qu'on nomme *trente-deuxièmes de karat.*

C'est par la coupellation qu'on parvient à amener l'or au titre de vingt-quatre karats, mais comme après cette opération, il peut encore contenir de l'argent, on en sépare ce dernier métal par le moyen de l'acide nitreux ; pour opérer facilement ce départ, il faut d'abord faire la *quartation,* c'est-à-dire, qu'il faut introduire dans l'or assez d'argent pour que, dans ce mélange métallique, l'or se trouve environ dans la proportion du quart ; par ce moyen l'acide nitreux dissout avec facilité tout l'argent, & l'or se trouve au fond du matras sous la forme d'une poudre noirâtre ; mais l'or qui a été appliqué à la surface de l'argent, comme on le pratique pour la dorure des galons, étant séparé de l'argent par le même intermède, se trouve avec son brillant métallique au fond du matras.

____

(*n*) Le *karat* n'est point un poids réel, mais relatif,

PREMIÈRE ESPÈCE.

Or vierge ou *natif.*

On le trouve en lames, en grains & en masses irrégulières, ordinairement dans le quartz, mais souvent aussi dans diverses autres gangues : il est quelquefois cristallisé : j'ai vu dans le Cabinet de M. le Comte d'Angivillers, la plupart des variétés suivantes.

PREMIÈRE VARIÉTÉ.

Or natif octahèdre.

On le trouve à Boïtza en Transilvanie, dans le quartz. Il est en petits cristaux aluminiformes très-réguliers, quelquefois tronqués en lames hexagones, dont les bords en biseau sont des trapèzes alternes. M. de Romé de l'Isle, *Essai de Cristallographie*, page 390.

DEUXIÈME VARIÉTÉ.

Or natif en prismes tétrahèdres, terminés par des pyramides à quatre pans (o).

Cet or est d'un jaune grisâtre, & vient des

(o) La plupart de ces cristaux sont striés : quelques-uns sont articulés, & composés d'octahèdres implantés les uns sur les autres. Cet or natif en prismes est fragile & non ductile, comme celui de la première variété.

mines de Hongrie; le morceau que j'ai vû est plat & sans gangue : les cristaux prismatiques qui le composent se croisent en différens sens. Sa couleur grise m'a paru provenir d'une portion de mercure qui lui étoit unie; ayant mis douze grains de cet or natif sur un tuilot que j'avois fait rougir au feu, j'ai couvert le tout d'un verre à patte; en un instant l'or est devenu jaune, & une vapeur mercurielle s'est attachée aux parois du verre; après avoir rassemblé cette vapeur, elle m'a laissé un globule de mercure.

L'or natif en prismes devroit-il sa forme au mercure? il y a lieu de le présumer, d'après l'amalgame d'or dont j'ai parlé ci-dessus, lequel cristallise pareillement en prismes tétrahèdres, de couleur grise, quelquefois terminés par des pyramides à quatre pans.

TROISIÈME VARIÉTÉ.

Or natif capillaire.

Ces filets varient par leur longueur; il y en a d'aplatis, & d'autres qui sont fins comme des cheveux. Ils ont jusqu'à dix-huit lignes de longueur, & sont entrelassés comme ceux de l'argent vierge capillaire. Peut-être doivent-ils leur origine à la décompofition d'une pyrite riche en or.

QUATRIÈME VARIÉTÉ.

Or natif en paillettes ou *en petits grains.*

Celui-ci tire certainement fon origine des pyrites martiales ou cuivreufes aurifères : car on le trouve en Sibérie dans une mine de fer hépatique, en cubes ftriés, qui provient de la décompofition d'une pyrite martiale de même forme. On rencontre fouvent dans les mêmes morceaux, des portions de pyrites qui ne font point encore décompofées. *Voyez la Defcription des Minéraux de M. de Romé de l'Ifle, page 2, n.° 3.*

CINQUIÈME VARIÉTÉ.

Pepites d'Or.

On défigne fous le nom de *pepites*, des maffes irrégulières d'or natif, fans aucune gangue ; on en trouve du poids de trois & quatre livres & au-delà.

L'or natif que j'ai eu occafion d'effayer, étoit à vingt-trois karats vingt-quatre trente-deuxièmes.

DEUXIÈME ESPÈCE.

Or minéralisé avec le Soufre, par l'intermède du Fer; Pyrites martiales aurifères.

Il est difficile de distinguer à la simple vue, les pyrites martiales aurifères, de celles qui ne le font point : quoique la Hongrie, la Transilvanie & la Sibérie, soient les pays où l'on en a trouvé le plus jusqu'à présent ; je crois qu'il doit s'en rencontrer dans beaucoup d'autres endroits.

L'analyse exacte de la pyrite martiale est plus difficile à faire que celle des autres mines. Elle contient toujours du fer & du zinc, du soufre, de la terre absorbante ou alumineuse, & quelquefois de l'or. Pour s'assurer de la présence de ce dernier métal, il suffit de verser sur une partie de pyrite martiale pulvérisée, dix parties d'acide nitreux précipité, en employant l'appareil que j'ai décrit ci-dessus, *page 182.* L'or se trouvant au fond du vase, avec une portion du soufre de la pyrite, il ne faut que laver le résidu sous l'eau, dans une capsule de verre, pour obtenir l'or pur & dégagé de toute autre matière étrangère ; sa couleur est jaune & brillante ; mais ce métal est tellement divisé, qu'il reſte long-temps ſuſpendu dans l'eau avant que de ſe précipiter.

On extrait par ce moyen de la pyrite martiale auriſère, moitié plus d'or, que par la réduction avec le plomb.

Pour retirer l'or de la pyrite par le moyen du plomb, il faut prendre une partie de pyrite auriſère torréfiée, & la fondre avec quatre parties de *minium*, douze parties de flux noir, & une de poudre de charbon; on obtient un culot de plomb, dont on extrait l'or par la coupellation.

L'expérience ſuivante fait connoître que l'amalgame n'eſt pas le moyen le plus convenable pour extraire de la pyrite martiale auriſère, l'or qu'elle contient.

Si, après avoir réduit cette pyrite en poudre très-fine, on en triture une partie avec quatre parties de mercure, en y ajoutant de l'eau, & qu'après quelques heures de trituration, on retire le mercure, pour le ſoumettre à la diſtillation, l'on trouve au fond de la cornue l'or ſous forme métallique; mais la même pyrite qui, par l'acide nitreux, fournit au quintal douze marcs d'or & ſix marcs par la coupellation, n'en produit que cinq par l'amalgame. On doit donc donner la préférence pour l'extraction de l'or

des

des pyrites, au moyen que j'indique, comme le plus parfait; on doit même s'y déterminer d'autant plus aisément que l'acide nitreux dont on s'est servi, n'est pas perdu, & qu'on peut en recouvrer la plus grande partie, en procédant de la manière suivante.

Il faut distiller dans des cucurbites de grès cette dissolution de la pyrite par l'acide nitreux : l'acide abandonne aisément, par cette distillation, le fer & le zinc auxquels il étoit uni, & ces métaux restent sous forme de chaux au fond de la cucurbite.

TROISIÈME ESPÈCE.

Mine d'Or sulfureuse de Nagyag en Transilvanie (p).

On peut considérer la mine d'or sulfureuse de Nagyag, comme un mélange de presque toutes les substances métalliques, puisqu'elle contient de la blende rouge feuilletée & transparente, de la galène, de la mine d'antimoine spéculaire, de

---

(p) M. l'Ambassadeur de Vienne à la Cour de France, reçut, le 20 Janvier 1774, des échantillons de cette mine sous le nom d'*or minéralisé d'une façon inconnue :* l'étiquette ajoutoit : « cette mine rend par quintal, depuis quatre-vingt jusqu'à cent demi-onces d'or, à dix-sept ou dix-huit karats. »

l'argent en plumes & de l'or minéralisé avec le soufre par l'intermède du fer. Le quartz blanc interposé dans cette mine en fait environ le tiers.

On ne peut extraire de cette mine l'or qu'elle contient, ni par l'eau régale, ni par le mercure, ainsi que M. Scopoli l'a reconnu avant moi dans sa Minéralogie *(q)*.

Les expériences suivantes m'ont fait connoître que la mine d'or sulfureuse de Nagyag contenoit par quintal,

		onces.	gros.	grains.
Blende	33 livres.			
Plomb	15.			
Cuivre	4.			
Fer	1.			
Antimoine	9.			
Soufre	8.			
Or		14	3	24.
Argent		1	4	48.
Quartz	29.			
TOTAL	100.			

(q) *Non omne aurum quod fossilibus inhæret ab acido aquæ regiæ, aut ab hydrargyro extrahi potest, & hoc sulphure involutum est. Pyrites nonnulli & minera aurifera Nagyagensis hoc aurum fovent quod imperfectum olim dixi & mineralisatum nunc etiam vocant Mineralogi fere omnes.* J. Ant. Scopoli Principia Mineralogiæ systematicæ & practicæ, 1772. in-8.° p. 222. §. 292. Spec. 2. *Aurum larvatum.*

Les acides minéraux ont de l'action sur cette mine : outre le cuivre, ils diffolvent avec effervefcence la terre abforbante, & une partie du zinc contenus dans la blende qui l'accompagne ; alors la diffolution eft diverfement colorée, fuivant la nature de l'acide dont on s'eft fervi : la diffolution par l'acide nitreux eft bleue, celle qui eft faite par l'eau régale eft verte *(r)*. J'ai verfé dans ces diffolutions de l'alkali volatil, il s'eft fait un précipité blanchâtre compofé de zinc & de terre abforbante : la diffolution qui étoit à la furface de ce précipité, avoit une belle couleur bleue ; c'étoit du cuivre diffous dans l'alkali volatil.

J'ai déterminé par la diftillation de cette mine, avec huit parties de fel ammoniac, la quantité d'antimoine & de fer qui s'y rencontrent.

Ayant diftillé le mélange de fel ammoniac & de mine, dans une cornue, au fourneau de réverbère, il a paffé un peu d'alkali volatil ; puis il s'eft fublimé dans le col de la cornue, du foufre doré, connu fous le nom de *fleurs rouges d'antimoine*, & enfuite du fel ammoniac blanchâtre ; ayant diffous dans de l'eau diftillée

---

(r) Durant cette diffolution, le foufre de la blende s'en fépare fous la forme d'une poudre grife.

le sel ammoniac qui tapissoit le col de la cornue, je l'ai filtré, & après avoir desséché le soufre doré qui étoit resté sur le filtre, j'ai trouvé que la mine en contenoit neuf livres par quintal. La présence du fer est indiquée par la couleur noire que prend la lessive de ce sel ammoniac lorsqu'on y met de la noix de galle.

Le résidu de la distillation de cette mine d'or sulfureuse avec le sel ammoniac, attiroit l'humidité de l'air, & y prenoit une couleur verte.

Lorsqu'on torréfie cette mine, il ne s'en dégage que de l'acide sulfureux, & elle perd, durant cette opération, huit livres par quintal ; le résidu de la calcination est brun.

Par la fusion de ce résidu avec trois parties de flux vitreux & de la poudre de charbon, j'ai obtenu, par quintal de mine, vingt-une livres d'un régule gris & fragile.

En fondant ce régule avec du verre de borax, j'ai eu un culot ductile, mais qui conservoit encore sa couleur grise.

Ayant coupellé ce culot sans addition, il a bien pris le bain, & après l'opération, j'ai trouvé sur la coupelle un grain, de couleur grise à sa surface, mais rougeâtre intérieurement. Cette expérience me faisant connoître qu'il n'y avoit pas aſſez de plomb dans la mine pour vitriſier le cuivre qui s'y rencontroit ; j'en ai coupellé une partie avec dix parties de plomb, & j'ai obtenu par quintal de mine, deux marcs d'or *(ſ)*.

Après avoir diſſous cet or dans l'eau régale, j'ai vu que ces deux marcs contenoient une once quatre gros quarante-huit grains d'argent; d'où il réſulte, que le quintal de mine ne contient réellement que quatorze onces trois gros vingt-quatre grains d'or.

QUATRIÈME ESPÈCE.

Mine d'Or arſenicale ; Or minéraliſé avec l'Arſenic, par l'intermède du Fer.

J'ai auſſi rencontré une mine d'or arſenicale dans les échantillons envoyés de Nagyag en Tranſilvanie. Celle-ci eſt mamelonnée, blan-châtre à ſa ſurface, & préſente dans ſa fracture

---

(ſ) Les échantillons de cette mine, diffèrent par leur ri-cheſſe, car l'un d'eux m'a donné, par quintal, ſix marcs trois onces d'or, mêlé de dix onces un gros trente-ſix grains d'argent; dans ce dernier cas, le quintal de la mine d'or ſulfureuſe ſe trouve riche de cinq marcs ſix gros trente-ſix grains d'or à vingt-quatre karats.

diverses couleurs, entre autres du noir, du rougeâtre, du gris brillant & du blanc.

L'arsenic est dans cette mine sous forme de régule, & sous celle de chaux. Celui qui est sous forme de régule est noir, en partie mamelonné, & en partie composé de feuillets ou lames quarrées, brillantes & spéculaires, comme le mica ferrugineux; la chaux d'arsenic est à la surface, & lui donne une couleur blanche.

La mine d'or arsenicale perd, par la calcination, soixante-quinze livres d'arsenic par quintal; le résidu de la torréfaction est gris & attirable en partie par l'aimant.

Ayant mis en digestion avec de l'alkali volatil, une partie du résidu de la torréfaction, la dissolution a pris une couleur bleue.

Par la réduction de ce résidu avec seize parties de *minium*, le double de flux vitreux, & de la poudre de charbon, j'ai obtenu un régule de plomb, à la surface duquel étoit un petit culot de cobalt martial. Le plomb passé à la coupelle a donné l'or, qui, dans cette mine, étoit combiné avec l'arsenic par l'intermède du fer.

Il résulte des produits de cette analyse, que la mine d'or arsenicale de Nagyag, contient au quintal :

Arſenic........ 75 livres.
Cuivre........ 11.
Fer.......... 8.
Quartz blanc.. 2.
Cobalt....... 3........7 onces.
Or.......................9.
TOTAL... 100.

J'ai appris de M. Jacob Forſter, un moyen ſimple pour mettre à découvert l'or que contient la mine arſenicale ou ſulfureuſe de Nagyag, ſans fondre, ni réduire cette mine.

On met un morceau de la mine entre des charbons, puis on les allume lentement ; l'arſenic ou le ſoufre ſe diſſipent en partie : on retire alors le morceau, qui a diminué de poids ſans changer de forme ; après l'avoir mis dans de l'acide nitreux pour aviver l'or, on le lave & on le fait ſécher. On a par ce moyen une maſſe noirâtre, où l'or paroît à nu ſous la forme de petites paillettes brillantes.

Platine ou *Or blanc.*

La platine nous arrive du Pérou en petits grains anguleux & aplatis, doux au toucher, d'un blanc livide, mêlés de paillettes d'or & de ſable ferrugineux noir attirable à l'aimant.

Don Antonio de Ulloa , Mathématicien Efpagnol , eft le premier qui ait parlé de la platine en 1748. Guillaume Bowles , dans fon Hiftoire de l'Efpagne , dit que cette fubftance fe trouve dans une montagne voifine d'une mine d'or : qu'on la rencontre uniquement dans les mines du nouveau royaume de Grenade , & particulièrement dans celles de Choco & de Barbacoas : enfin , qu'elle ne fe trouve ni dans le Chili , ni dans le Mexique.

M. Bowles cite l'étiquette d'un fac de platine qui lui avoit été donné ; elle étoit conçue en ces termes : « Platine de l'évêché de Popayan, » fuffragant de Lima ; il y a plufieurs mines d'or , » parmi lefquelles il en eft une qu'on appelle » *Choco* : dans une partie de la montagne qui la » contient , il y a une grande quantité d'une » efpèce defable , que les gens du pays appellent *platine* ou *or blanc* (t). »

La première *platine* que j'ai eu occafion d'examiner , & qui me venoit de la vente de M. Davila *(u)* , m'a produit , par la diftillation , quatre gros de mercure par livre de platine , & un gros vingt-quatre grains d'or.

(t) Du mot Efpagnol *platina* , qui fignifie *petit argent.*

(u) Elle eft indiquée fous le n.° 739 . tome *II* , *page* 588 de fon Catalogue.

J'ai trouvé auffi de l'or dans d'autres envois de platine que j'ai effayés, mais pour le rendre fenfible, il m'a fallu diftiller cette platine avec deux parties de fel ammoniac ; ayant enlevé par ce moyen une portion du fer qui lui eft uni, l'or devient affez apparent pour qu'on puiffe l'en féparer.

La platine expofée au feu le plus violent n'y entre point en fufion, elle change feulement de couleur, & fes molécules ne font que s'aglutiner. M. de l'Ifle a fait part à l'Académie d'un moyen, à l'aide duquel on fond très-aifément cette fubftance.

Pour y parvenir, on verfe dans une diffolution de platine, faite par l'eau régale, du fel ammoniac diffout à froid dans de l'eau diftillée *(x)* ; il fe fait un précipité rougeâtre, compofé de platine & de fel ammoniac ; ce précipité eft foluble dans l'eau : fa diffolution évaporée produit de petits criftaux octahèdres, très-réguliers, rouges & tranfparens comme des rubis.

Ce précipité de platine expofé à un feu violent, fe fond, & produit un culot de platine malléable, dont la couleur eft d'un gris blan-

---

(x) La diffolution de platine eft rougeâtre, & ne tache point les doigts lorfqu'elle ne contient pas d'or.

châtre à peu-près comme celle de l'argent, &
ne s'altère point à l'air.

On voit par cette expérience, que la platine
peut se fondre aisément quand on en a séparé
le fer ; ce métal reste dissous dans l'eau régale
qui surnage le précipité fait par le sel ammoniac.
Cette lessive est jaune : si l'on y verse de l'alkali
fixe, une partie du fer se précipite sous la forme
d'une poudre brune. La dissolution qui reste
étant évaporée, donne du sel fébrifuge en beaux
cristaux rhomboïdes, de couleur pourpre : ils
doivent cette couleur au fer qu'ils contiennent.

Si après avoir dissous le précipité de platine
fait par le sel ammoniac, on y verse de l'alkali
fixe, la liqueur se trouble, & l'on trouve au
fond du vase un précipité grisâtre, qui donne
au verre blanc avec lequel on le fond , une
couleur verte olive *(y)*.

La platine ne passant point à la coupelle, &
possédant la pesanteur de l'or, on s'en est servi
pour allier ce métal *(z)*. Lorsqu'on veut
reconnoître si l'or est allié avec de la platine ;

(y) Lorsqu'on fond une partie de ce précipité , avec
seize parties de verre blanc , on obtient un émail olive.

(z) La platine peut s'unir par la fusion, à la plupart
des substances métalliques , mais elle altère leur ductilité &
leur couleur, quand on y en introduit une grande quantité.

il suffit de le diffoudre dans l'eau régale, & de verfer dans cette diffolution de l'eau foûlée à froid de fel ammoniac; fi ce métal contient de la platine, celle-ci fe précipite fous la forme d'une poudre rougeâtre, & l'or refte fufpendu dans la diffolution.

La platine s'amalgame très-bien avec le mercure, mais elle ne prend point alors de forme régulière comme les autres métaux. Voyez mes *Mémoires de Chimie*, page 89.

Il paroît réfulter des expériences précédentes, que la platine eft une fubftance métallique particulière, & què le fer ne lui eft point effentiellement adhérent.

Moyens *pour reconnoître les différentes matières qui se trouvent dans l'Eau.*

L'EAU se trouve rarement pure & sans mélange : presque toujours elle tient en dissolution quelque substance saline, terreuse ou métallique ; on a recours à divers moyens pour reconnoître ces substances étrangères à l'eau. On en détermine la quantité par l'évaporation, la filtration, la précipitation ; & la nature par la neutralisation, la cristallisation, &c.

L'eau prend la température du lieu où elle se trouve : au terme de la glace, elle cristallise ; lorsqu'elle séjourne sur des terreins échauffés par des feux souterreins, elle en partage la chaleur, & en reçoit souvent des propriétés par sa combinaison avec le foie de soufre volatil que les pyrites produisent en se décomposant. L'eau est trouble lorsqu'elle tient suspendues des molécules terreuses : on peut les en séparer en la filtrant ou en la laissant déposer.

La sélénite est la substance saline qui se rencontre le plus fréquemment dans l'eau : si l'on verse dans cette eau de la dissolution de nitre mercuriel, il se fait un précipité jaune qui est un vitriol de mercure, plus connu fous le nom de *turbith minéral*.

Mais outre la félénite, l'eau contient prefque toujours du fel marin à bafe terreufe *(a)* : ce fel eft déliquefcent, & d'une faveur vive; on en dégage aifément l'acide marin par le moyen de l'acide vitriolique.

Si l'eau tient en diffolution du fel marin, en la faifant évaporer lentement, on obtient ce fel en criftaux cubiques.

La folution de nitre mercuriel eft propre à indiquer fi l'eau tient un fel vitriolique en diffo-lution : mais pour reconnoître l'efpèce de ce fel, il faut avoir recours à l'évaporation ; la forme des criftaux, leur faveur & leur décom-pofition ou non décompofition par l'alkali fixe, en déterminent la nature. Si c'eft du fel de Sedlitz, l'alkali fixe le décompofe & précipite fa terre, tandis que le fel de Glauber n'éprouve aucune altération par cet alkali.

Si c'eft du vitriol martial que l'eau tient en diffolution, il eft aifé de le reconnoître à la cou-leur noire que prend cette eau lorfqu'on y met de la teinture ou de la poudre de noix de galle.

Si c'eft un vitriol cuivreux que l'eau tient

(a) Et quelquefois du *natron.*

en diſſolution, on n'y a pas plutôt introduit une lame de fer poli, que le cuivre ſe dépoſe à la ſurface de cette lame, & qu'elle prend une couleur rouge. On nomme *eaux cémentatoires* celles qui contiennent beaucoup de vitriol de cuivre : ces eaux dont la couleur eſt bleue, ſont un poiſon corroſif.

L'eau répand ſouvent une odeur fétide qu'elle doit à du foie de ſoufre terreux qu'elle tient en diſſolution ; cette eau qui eſt limpide & ſans couleur, verdit la teinture bleue de violettes. Lorſqu'on y verſe de la diſſolution de nitre mercuriel, cette eau ſe trouble, noircit, & ſon odeur déſagréable ceſſe à l'inſtant ; le précipité noir qu'on obtient eſt de l'*éthiops* *(b)*.

L'eau putréfiée contient toujours un foie de ſoufre terreux ; c'eſt la raiſon pour laquelle une lame d'argent miſe dans cette eau, prend une couleur noire à ſa ſurface : l'eau perd alors ſon odeur & devient potable ; on parvient au même but par l'alkali fixe, tandis que les acides dégagent de cette eau une odeur plus fétide, en décompoſant le foie de ſoufre qu'elle contient.

Le foie de ſoufre terreux que l'eau tient en diſſolution, ſe décompoſe ſouvent de lui-même,

______

(b) Voyez mon *Analyſe des blés*, page 106.

auffi n'eft-il pas rare de trouver à la furface &
au fond des eaux thermales, des fleurs de
foufre, & fur les parois de leurs aquéducs, des
criftaux de félénite.

La faveur des eaux minérales acidules, telles
que celles de Buffang, de Seltz, de Pyr-
mont, &c. eft dûe à l'acide marin volatil *(c)*,
que l'acide vitriolique a dégagé principalement
de la terre calcaire par où paffent ces eaux, ou
qui les avoifine. Cette faveur eft légèrement
acide ou piquante comme le vin de Cham-
pagne.

Ayant diftillé de cette eau dans un alambic
de verre; la teinture de tournefol que j'avois
mife dans le récipient, a pris une couleur rouge.
L'acide de ces eaux minérales eft très-fugace,
& fe diffipe fpontanément fi les bouteilles ne
font pas bien bouchées; fouvent l'eau fe trouble,
ce qui arrive par la précipitation de la terre calcaire, que l'acide marin volatil tient quelquefois
en diffolution.

Je crois que les eaux d'Arcueil, qui dépofent
une fi grande quantité de terre calcaire, ne la

____

(c) Cet acide marin volatil fe forme toutes les fois qu'il y a
faturation de la terre calcaire par l'acide vitriolique ou tout
autre acide : c'eft, comme on va le voir, ce que plufieurs
Phyficiens ont défigné fous le nom d'*air fixe*.

renoient en diſſolution, qu'à la faveur d'un acide
ſemblable.

C'eſt ce même acide marin volatil, que M.
Bergman a déſigné ſous le nom d'*acide atmoſphérique*, dans un Mémoire couronné en 1773,
par l'Académie de Montpellier.

« Je crois, dit cet illuſtre Chimiſte, que la
» matière ſubtile nommée ordinairement *air fixe*,
» eſt un acide particulier : 1.° l'eau qui en eſt
» ſaturée, acquiert manifeſtement une ſaveur
» acide ; c'eſt l'eſprit des eaux minérales acidules.
» 2.° Cette ſubſtance s'unit ordinairement aux
» ſels alkalis & aux terres abſorbantes, corrigeant
» leur âcreté naturelle, comme fait tout autre
» acide ; elle diſſout auſſi le fer, & l'on peut dire
» qu'elle eſt l'ame des eaux minérales. 3.° Une
» partie d'eau bien imprégnée d'air fixe, rougit
» plus de cinquante parties de teinture de tourne-
» ſol ; je nomme cet acide *atmoſphérique*, parce
» qu'il eſt toujours dans l'atmoſphère en plus ou
» moins grande quantité, comme le prouve l'eau
» de chaux la plus claire, qui, à l'air libre, ſe
» met vîte en crême, en s'appropriant cette
» ſubſtance. 4.° Cet acide, & l'air ordinaire,
» conviennent en élaſticité & en pellucidité,
» mais leurs gravités ſpécifiques ſont en raiſon de
» trois à huit. 5.° C'eſt en vain que quelques

Phyſiciens

Phyficiens s'imaginent que l'air fixe n'est «
autre chofe que l'air chargé de fubftances «
étrangères, il ne faut, pour diffiper tous les «
doutes, que faire & varier foi-même les ex- «
périences que l'on vient de rapporter. 6.° L'air «
fixe tiré d'une maffe en fermentation, rougit «
la teinture de tournefol auffi bien que celui «
qui provient d'une effervefcence. »

On voit par ce paffage, que le fentiment de
M. Bergman, fur ce qu'on appelle *air fixe*,
s'accorde avec ce que j'ai dit de cet acide dans
mes Mémoires de Chimie, imprimés en 1772,
& qui parurent en 1773, temps auquel je ne
pouvois avoir connoiffance du Mémoire que je
viens de citer. J'ai rapporté diverfes expériences
qui prouvent que cette efpèce d'acide réfulte
de la modification de l'acide phofphorique par
l'intermède du phlogiftique ou d'une matière
graffe *(d)*.

Dans la même année, M. le Comte de Milly
lut à l'Académie des Obfervations appuyées
de nouvelles expériences, qui confirmoient que
ce qu'on avoit défigné fous le nom d'*air fixe*,

(d) Voyez mes Obfervations fur le mixte falin volatil qui
fe dégage lorfqu'on verfe de l'acide vitriolique fur un alkali
ou fur de la terre calcaire. *Mémoires de Chimie, page 246*
& fuivantes.

étoit un acide particulier. Enfin M. de Smeth, a depuis peu battu en ruine toute la doctrine de l'*air fixe*, dans une Thèse ou Differtation latine (e), où après avoir rapporté l'origine & les progrès de cette opinion, il conclut des expériences qui ont été faites & des fiennes propres, que le nom d'*air fixe* a été très-mal inventé, & qu'il n'eft fondé que fur des fuppofitions tout-à-fait gratuites.

« Le célèbre Hales, dit-il, avança le premier
» qu'on pouvoit donner à l'air de la confiftance
» & de la folidité ; en forte qu'uni dans cet état
» aux autres parties conftituantes des corps, il
» perde fon élafticité, qu'il recouvre auffitôt
» qu'il vient à fe dégager ; on a même prétendu
» inférer de-là qu'il formoit ce lien des corps,
» ce principe de feur cohéfion fur lequel on
» a tant difputé.

» *Blacke* adopta cette notion de l'*air fixe*, &
» entreprit d'en expliquer les phénomènes,
» particulièrement par rapport à la chaux vive.

» *Macbride* a été plus loin encore, il a
» fait connoître un plus grand nombre d'effets
» de l'*air fixe* ; & il a établi la diftinction entre
» cet air & celui de l'atmofphère.

(e) Elle a pour titre : *Differtatio inauguralis philofophica de aëre fixo. Ultrajecti*, in-4.° fig.

Jacquin, fidèle difciple de Blacke, prétend «
que l'air fixe & celui de l'atmofphère, font «
dans le fond un feul & même air , une «
fubftance homogène; feulement il penfe que «
l'union du premier avec la terre calcaire, le «
dépouille de fon élafticité. «

Fordyce admet trois efpèces d'airs ; l'air «
atmofphérique , celui qui s'unit à la terre «
calcaire & à l'alkali fixe , & l'air inflam- «
mable. «

On voit, ajoute M. de Smeth , que les «
partifans de cette nouvelle doctrine, ne font «
rien moins que d'accord entre eux , & qu'en «
les prenant pour guides, on ne parvient point «
à déterminer en quoi confifte proprement «
l'air fixe ; d'ailleurs la chofe en elle-même «
n'a rien de neuf : *Boyle* l'a connue , & «
Vanhelmont lui a donné le nom de *gas;* mais «
il y a des *gas* de plufieurs efpèces, le *gas* de «
la fermentation du vin , le *gas* de la fermen- «
tation du vinaigre, le *gas* feptique, le *gas* «
falin, le *gas* terreftre , le *gas* des eaux mi- «
nérales : ces efpèces font de nature fort diffé- «
rentes , les unes réfiftant à la putréfaction , «
les autres l'excitant & l'augmentant. Bien loin «
même que le *gas* ou prétendu *air fixe* entre «
pour rien dans les parties conftituantes des «

» corps, c'est une substance mixte, qui loin
» d'être séparée par l'effervescence des fermen-
» tations & des putréfactions, est alors produite
» & comme créée. L'Auteur termine sa Dissertation par la phrase suivante. »

*Non dubito affirmare, insidum & debile esse
fundamentum quo doctrina de aëre fixo nititur,
eamque ut ut hodie celebratam, nec severius examen
ferre posse, neque ævum passuram.*

Quoi qu'il en soit de cette prédiction, la
doctrine de l'air fixe vient de recevoir une
nouvelle extension par les belles & nombreuses
expériences dont le docteur Priestley a récem-
ment enrichi le public *(f)* : mais il n'est pas
moins vrai que de toutes les espèces d'*air* dont il
parle, telles que l'*air fixe*, l'*air inflammable*, l'*air
nitreux*, l'*air marin*, l'*air déphlogistiqué*, l'*air
acide*, l'*air alkalin*, &c. il n'y en a pas une seule
qui ne soit ou essentiellement privée d'*air* ou un
air régénéré par l'acide, le phlogistique & l'eau
contenus dans les corps où l'on prétend que
cet air résidoit tout formé. Je persiste donc à
croire que l'*air fixe* ou *gas*, est un acide particulier, exactement en rapport avec l'acide marin

---

(f) M. Gibelin, Docteur en Médecine, les a traduites
en françois. *Paris, 1777, trois volumes in-12.*

rendu volatil par une matière graffe, tel eft celui qui fe dégage durant la fermentation vineufe, & par la combinaifon des acides vitriolique ou nitreux avec la terre calcaire ou un alkali : ce qu'on appelle *air inflammable*, eft un phofphore rendu volatil par un excès de phlogiftique, telle eft la vapeur inflammable, odorante, qu'on dégage du fer ou du zinc, par le moyen de l'acide vitriolique : l'efpèce de phofphore qui devient libre alors, fe trouve en différens états, fuivant la concentration de l'acide qui a fervi pour la diffolution de ces métaux : ce qui eft démontré par les expériences fuivantes.

Mettez douze grains de limaille de zinc dans un matras qui puiffe contenir environ fix onces d'eau, verfez fur ce zinc un gros d'huile de vitriol & autant d'eau, il s'excitera une chaleur confidérable, le zinc fe diffoudra avec efferveſcence. Les vapeurs qui s'en dégageront, auront une odeur femblable à celle qui émane de l'électricité ; ces vapeurs s'enflamment & détonnent avec force auffitôt qu'on en approche une lumière ; le feu prend à l'orifice du matras, la flamme gagne auffitôt le fond, la fulmination fe produit, & la flamme ceffe.

Si l'on verfe fur une pareille quantité de limaille de zinc, un gros d'huile de vitriol étendu

de douze parties d'eau, les vapeurs qui se dégagent de cette dissolution sont encore inflammables
par le contact d'une lumière, mais elles ne
produisent aucun bruit, leur flamme, plus du-
rable, est d'un vert bleuâtre, & ne répand
aucune odeur ; elle est connue sous le nom de
chandelle philosophique.

L'*air déphlogistiqué* n'est autre chose que l'acide
phosphorique retiré par la revivification du mercure précipité rouge ou du mercure précipité
per se, &c.

S'il est vrai, comme on n'en sauroit douter,
que l'acide phosphorique soit un des principes
constituans de l'air *(g)*, on expliquera facilement pourquoi la lumière d'une bougie devient
plus grande, a plus d'éclat, & produit plus de
chaleur, & *brille avec pétillement, comme si elle
étoit chargée de quelques corps combustibles (h)*,
lorsqu'elle se trouve dans l'atmosphère d'un vase
qui contient de l'acide phosphorique, dégagé
par la revivification des précipités de mercure.
C'est que ce même acide en se combinant avec

(g) Le nom d'*acide aërien*, conviendroit beaucoup mieux
à cet acide, qu'à celui de l'*air fixe*, qui n'en est cependant
qu'une modification.

(h) Ce sont les propres expressions du docteur Priestley,
tome II, page 123 *de la Traduction françoise.*

le principe inflammable , & l'humidité que la bougie répand en brûlant , forme de nouvel air qui augmente l'intensité de la flamme *(i)* , & en prolonge la durée , jusqu'à ce qu'il soit lui-même décomposé.

Un tiers de cet air déphlogistiqué , mêlé à deux tiers d'air inflammable , ayant le contact d'une bougie allumée , fait une explosion beaucoup plus bruyante , que lorsqu'on enflamme seulement une quantité égale des vapeurs dégagées de la dissolution du fer ou du zinc par l'acide vitriolique.

Si la première de ces détonations est plus bruyante que les autres , c'est que l'acide phosphorique dégagé du précipité *per se* , s'étant combiné avec le principe inflammable qui se trouve en excès dans le phosphore volatil, forme un phosphore fulminant *(k)* , lequel détonne instantanément avec le plus grand bruit , si-tôt

---

(i) L'augmentation de la flamme , & le petillement qu'on y remarque , peuvent être aussi l'effet d'une petite portion de phosphore qui se produit dans cette expérience.

(k) La fulmination de l'or, celle de la poudre à canon , de même que celle de la poudre fulminante , ne sont dûes qu'à l'acide phosphorique, qui est une des parties intégrantes de ces mêmes préparations. *Voyez tome 1, page 79.*

A a iv

qu'il eſt en contact avec la flamme d'une bougie.

Il réſulte des expériences du docteur Prieſtley, qu'une ſouris miſe dans un vaſe avec une quantité donnée de cet air qu'il nomme *déphlogiſtiqué*, y vit plus long-temps que dans un autre vaſe de même capacité où il n'y auroit que de l'air commun ; d'où ce Phyſicien conclut, que ſon air prétendu déphlogiſtiqué, eſt beaucoup plus pur que l'air de l'atmoſphère. Mais ce phénomène n'a lieu qu'en raiſon de la quantité d'air qui ſe forme alors par la combinaiſon de l'acide phoſphorique avec l'eau & le principe inflammable de la matière perſpirable qui s'exhale de la ſouris ; la production de cet air ne ceſſe de ſe faire, que lorſque tout l'acide phoſphorique introduit ſous le vaſe, s'eſt ainſi modifié ; après quoi l'animal s'affoiblit & meurt par l'altération ou décompoſition qu'éprouve l'air en paſſant par ſes poumons.

L'*air nitreux* & l'*air marin* de M. Prieſtley, ne ſont autre choſe que les acides nitreux & marin rendus volatils par beaucoup de phlogiſtique *(1)*. Je crois qu'une des raiſons pour leſquelles on a donné le nom d'*air* aux différens

_____

(1) *La vapeur* d'un fluide quelconque n'eſt que le produit de la combinaiſon avec un fluide plus volatil, qui lui ſert de diſſolvant.

mixtes volatils, qui comme l'air échappent au sens de la vue, quoiqu'ils affectent l'odorat, c'est qu'en effet il est beaucoup d'expériences où il se forme réellement de l'air, ainsi qu'on le remarque dans les fermentations, les dissolutions, les saturations & les distillations de la plupart des substances où l'acide phosphorique se rencontre. L'air n'existoit pas dans ces corps, mais il se produit aussitôt que l'acide phosphorique qui s'en dégage, vient à se combiner avec du phlogistique & de l'eau ; il est vrai que l'air qui se forme alors se mêle bien-tôt à celui de l'atmosphère, tandis que les acides & les autres mixtes qui se dégagent, étant plus pesans que lui, le déplacent, & souvent le décomposent.

S'il est vrai que l'acide phosphorique soit le principe de la solidité des corps, & que cet acide modifié soit lui-même une des parties intégrantes de l'air, il n'est pas étonnant que l'on ait avancé que c'étoit l'air fixé dans les corps qui étoit le principe de leur cohésion.

L'analyse du bois fait connoître que c'est un acide qui est le principe de sa solidité ; en effet, lorsqu'on a séparé du bois, par la distillation, l'acide & l'huile volatils qu'il contient, il ne reste plus qu'une matière charbonneuse très-fragile : si l'on brûle ce charbon, l'acide qui s'y trouvoit se modifie, se volatilise, & l'on n'a plus qu'une cendre dont les molécules n'ont aucune cohérence entre elles.

On a remarqué que la quantité d'air qui se dégageoit durant cette distillation, étoit d'autant plus grande, que la substance ligneuse étoit plus dure. Mais tout végétal quel qu'il soit, contenant de l'acide phosphorique, est propre à produire une certaine quantité d'air ; car il suffit pour cela que son acide se combine avec le principe inflammable & l'eau qui s'en dégagent à l'aide de la combustion. L'air n'est donc point un élément simple, comme on le croit communément, mais un vrai mixte composé des trois principes dont je viens de parler.

L'air étant compressible, & huit cents fois plus léger que l'eau, il y a lieu de croire qu'il n'entre que très-peu d'eau dans sa composition ; d'ailleurs la génération & la destruction de l'air, ne permettent pas de douter qu'il ne soit un mixte, & les expériences de M. Ellert sont bien propres à le démontrer (m).

(m) M. Ellert a été, de même que Sthal & Fréd. Hoffman, premier Médecin du Roi de Prusse, & cet habile Chimiste peut aller de pair avec les deux autres. Voyez *Collection académique, tome VIII, Partie étrangère, page 23.*

Ayant introduit dans le vide , sous le récipient de la machine pneumatique , les vapeurs d'une eau purgée d'air , & chaude presque au degré de l'ébullition , il a reconnu par la descente du mercure jusqu'au bas du baromètre , que ces vapeurs régénéroient sous la cloche l'air qu'on en avoit tiré.

M. Ellert rapporte aussi , que dans la manœuvre par laquelle on souffle un grand balon de verre , en introduisant avec la canne une bouchée d'eau dans la masse de verre fondu , l'eau se convertit en air , qui dilate le verre , sans qu'on remarque le moindre retour de la vapeur aqueuse à la forme d'eau commune.

L'ébullition de l'eau est produite par de l'air qui s'échappe à travers ce fluide sous forme de globules ; ici l'air se forme de la combinaison de l'eau , avec l'acide phosphorique & le phlogistique dégagés des corps en combustion. Cette régénération de l'air est la raison pour laquelle on peut rester sans danger avec du charbon allumé dans un endroit exactement fermé , lorsqu'il y a de l'eau bouillante sur ces charbons ; mais on périroit infailliblement , si l'on restoit dans ce même endroit après avoir retiré de dessus les charbons , l'eau qui s'y trouvoit en ébullition. Cela vient de ce qu'une partie de l'air atmofphérique eft décompofée par l'acide fur-chargé de phlogiftique qui émane des charbons ; mais le nouvel air qui fe forme par l'ébullition de l'eau , remplace celui de l'atmofphére, & fait ceffer le danger *(n)*.

Dans la décompofition de l'air par les charbons embrafés , le principe inflammable des charbons fe combine avec l'acide de l'air , rompt l'équilibre de fes parties conftituantes, & l'eau s'en fépare comme l'expérience fuivante le démontre.

Mettez deux bougies de différentes hauteurs fous le récipient d'une machine pneumatique , la lumière de la bougie la plus haute commencera par perdre de fa vivacité, & finira par s'éteindre, environ une minute avant celle de la bougie la plus courte. Le récipient adhére alors fortement à la platine de la machine pneumatique, & les parois de ce récipient font obfcurcies par une vapeur aqueufe qui les tapiffe *(o)* ; cette eau

---

(n) De-là l'utilité des vafes remplis d'eau qu'on met fur les poêles dans de petits appartemens ; on y a depuis peu fubftitué des poêles hydrauliques , qui produifent le même effet.

(o) Les Phyficiens qui foutiennent que l'air eft indeftructible, difent qu'étant extrêmement raréfié dans cette expérience, il abandonne l'eau à laquelle il n'étoit point effentiellement

acidule ne peut avoir été fournie que par l'air décomposé *(p)*. L'effet de la chaleur étant de dilater l'air, on pourroit soupçonner que dans cette expérience l'air raréfié s'est échappé sans se décomposer; l'expérience suivante m'a prouvé le contraire : car après avoir assujetti une bougie allumée sous une cloche de verre, j'ai posé cette cloche dans un sceau de même matière où j'avois mis de l'eau. Si l'air se fût échappé de dessous la cloche, on auroit aperçu des bulles à la surface de l'eau; mais au contraire, cette eau s'éleva dans la cloche à mesure que le vide se formoit, & ne livra passage à aucune bulle d'air.

Dans ces expériences l'air se détruit, parce que l'acide phosphorique est surchargé du principe inflammable produit par la décomposition de la bougie.

---

uni. Il devroit donc, suivant eux, malgré sa raréfaction, jouir encore de ses propriétés. Cependant le vide est formé, & l'expérience suivante prouve que l'air n'est point sorti du récipient. Or, si cet air n'est point décomposé, qu'est-il devenu, & pourquoi son ressort paroît-il brisé !

(p) La décomposition de l'air est prouvée par le vide formé sous le récipient, & par l'extinction des bougies. L'air ne servant d'aliment au feu que par l'acide & le phlogistique qu'il contient, l'eau devient libre en formant la flamme, & se volatilise à l'aide de l'acide modifié par la combustion.

Tous les corps combustibles qui, en brûlant, ne répandent point d'acide sulfureux, contiennent de l'acide phosphorique; lequel se combinant, lors de la combustion, avec la matière inflammable de ces mêmes corps, produit un acide volatil analogue à celui que j'ai désigné sous le nom d'*acide marin volatil*; mais il y a lieu de croire que l'acide phosphorique ne prend ces propriétés que par l'intermède de l'air, car lorsqu'il devient principe des chaux métalliques, il s'y trouve à l'état d'acide phosphorique pesant, puisque ces chaux ont la propriété de passer à l'état de verre.

M. Lavoisier, dans un *Mémoire sur la Calcination des métaux dans les vaisseaux fermés*, conclud de plusieurs expériences nouvelles & très-bien faites, que l'augmentation de poids des métaux calcinés dans les vaisseaux fermés, ne provient, ni de la matière du feu, ni d'aucune matière extérieure à la cornue; mais que c'est de l'*air* seul contenu dans le vaisseau, que le métal emprunte la substance qui en augmente le poids, & qui le convertit en chaux. . . . . « Cet » air, ajoute-t-il, ainsi dépouillé de sa partie » *fixable (q)* (je pourrois presque dire de la

____

(q) « Il a résulté, dit il plus haut, des expériences multi-

partie *acide* qu'il contenoit) ; cet air , dis-je, «
est en quelque façon *décomposé ;* & il m'a paru «
résulter de cette expérience un moyen d'ana- «
lyser le fluide qui constitue notre atmosphère , «
& d'examiner les principes qui le composent. «
Quoique je ne sois pas arrivé à cet égard à «
des résultats entièrement satisfaisans , je crois «
cependant être en état d'assurer que l'air aussi «
pur qu'on puisse le supposer , dépouillé de «
toute humidité & de toute substance étrangère «
à son existence & à sa *composition ,* loin d'être un «
être simple , un *élément ,* comme on le pense «
communément , doit être rangé au contraire «
tout au moins dans la classe des mixtes, & «
peut-être même dans celle des composés *(r).* »

M. Lavoisier déclare encore dans une Lettre
qui est à la suite de ce Mémoire , que malgré
les expériences antérieures de *Boyle ,* du père
Beccaria & du docteur *Priestley ,* sur l'augmentation de poids & le degré de calcination qu'é-
prouvent les métaux exposés à l'action du feu

---

pliées auxquelles je l'ai soumis , qu'il ne différoit en rien «
de ce qu'on a nommé improprement *air fixe. Ibid.* »

(r) Mémoire lû à la séance publique de l'Académie Royale
des Sciences, *le 12 Novembre 1774 ,* & inséré dans le
Journal de Physique du mois de Décembre suivant , *page 451.*

dans des vaiſſeaux fermés, il croyoit néanmoins avoir développé le premier la théorie de cette augmentation de poids des chaux métalliques ; mais il réſulte de l'extrait donné par M. Bayen de l'ouvrage de *Jean Rey (ſ)*, dans le *Journal de Phyſique du mois de Janvier 1775*, que ce Médecin françois, contemporain de Vanhelmont, eſt en effet le premier qui ait aſſigné la cauſe de cette augmentation. Jean Rey dit en propres termes *(XVI.ᵉ Eſſai)*, « Je réponds » & ſoutiens glorieuſement que ce ſurcroît de » poids *vient* de l'*air*, qui dans le vaſe a eſté » eſpeſſi, appeſanti & rendu aucunement » adhéſif, par la véhémente & longuement continuée chaleur du fourneau. » Mais afin qu'on n'allât pas conclure de ſes expreſſions que c'étoit l'air même, comme air, qui ſe fixoit ainſi dans la chaux métallique, il ajoute *(XXVI.ᵉ Eſſai)*, « au reſte, que cela ne vous trouble,

---

(ſ) Il eſt intitulé : *Eſſai de Jean Rey* docteur en Médecine, ſur la recherche de la cauſe pour laquelle l'étain & le plomb augmentent de poids quand on les calcine. *Bazas, Millanges, 1630, in-8.ᵉ*

M. Gobet qui vient de concourir à la réimpreſſion des Œuvres vraiment originales de Bernard Paliſſy, prépare auſſi une nouvelle édition de ce Traité de *Jean Rey*, devenu d'une rareté extraordinaire.

qui

qui a été dit en l'Essai unzième, qu'il m'es- «
chappoit de dire cet *air*, non plus *air*, «
mais un *air* dénaturé ; car ce sont paroles «
d'excès , par lesquelles je n'entends autre «
chose , sinon que *cet air a esté despouillé de cette* «
subtilité liquide , qui faisoit qu'il n'adhéroit à «
chose aucune , & s'est rendu grossier, pesant, «
& adhérable. . . » *Journal de Physique du mois de*
Janvier 1775 , page 48 & suivantes.

OBSERVATIONS SUR L'INDIGO.

QUOIQUE les observations suivantes soient étrangères à la Minéralogie, l'utilité dont elles peuvent être ne me permet pas d'en différer plus long-temps la publication.

L'Indigo est une fécule bleue qu'on retire de l'anil *(ſ)*, en faisant macérer dans de l'eau cette plante pendant vingt-quatre heures.

On dispose en amphithéâtre trois cuves, de manière qu'elles puissent être vidées les unes dans les autres ; c'est dans la première qu'on nomme *trempoir*, que l'on fait putréfier l'anil ; on reçoit dans la seconde *cuve* ou *batterie* l'eau du *trempoir;* on bat cette eau jusqu'à ce que la fécule se soit rassemblée, & qu'elle ait pris une couleur bleue ; il faut environ deux heures pour cette opération, après laquelle on soutire l'eau dans la troisième cuve qu'on nomme *diablotin;* l'indigo se précipite au fond de la cuve, on le met à égouter dans des chausses , puis on le fait sécher.

Dans cette préparation de l'indigo, le succès dépend du degré de fermentation que l'on fait

____

(ſ) Indigofera tinctoria. Lin.

éprouver à l'*anil*; c'est en faifant paffer rapidement cette plante à la putréfaction, qu'on parvient à en extraire la fécule bleue qu'on nomme
indigo (t); car lorfque l'*anil* n'éprouve qu'une
fermentation acide, fa partie colorante ne fe
développe point, & l'on ne peut en raffembler
la fécule. Ce que j'avance eft prouvé par le fait
fuivant : il fe trouve quelquefois des Nègres
qui, par méchanceté, interrompent la fermentation de l'indigo, & la font même manquer
entièrement, en mettant dans les cuves du
fuc de citron; l'acide de ce fruit fuffit pour
retarder & détruire les effets de la fermentation
putride que l'*anil* doit éprouver, & fans laquelle
la fécule de cette plante ne peut devenir
bleue.

On amènera facilement une cuve d'*anil* à la
fermentation putride, en y mettant de l'alkali
fixe, pour neutralifer l'acide qui retardoit cette
fermentation.

Je crois qu'il feroit bon auffi de mettre un
peu d'alkali dans la batterie, car ce fel a la propriété d'aviver la couleur bleue de l'indigo.

(t) Le bel indigo eft connu fous le nom d'*Inde floré* :
on le nomme *Inde cuivré* lorfqu'il préfente à fa furface une
couleur tirant fur le rouge de cuivre.

Procédé pour retirer de l'Anil une plus grande quantité d'Indigo.

On a remarqué qu'après avoir exposé à l'ardeur du soleil l'eau destinée à la macération de l'*anil*, on retiroit de cette plante une plus grande quantité d'indigo : cela provient de ce que l'eau chaude ouvrant davantage les pores de la plante, en sépare plus aisément la fécule colorée. Je crois donc qu'il y auroit de l'avantage à écraser l'*anil* sous une meule, avant que de le jeter dans la cuve, pour que cette plante y présentât plus de surface à l'action dissolvante de l'eau.

Manière d'empêcher l'Indigo de moisir & d'aviver la couleur bleue de cette fécule.

L'indigo est toujours uni à une matière colorante d'un rouge-brun, qui est de la nature des extracto-résineux, c'est-à-dire, soluble dans les liqueurs spiritueuses & dans l'eau ; pour débarrasser l'indigo de cette substance extractive, il suffit de le faire macérer dans de l'eau pure jusqu'à ce que l'eau ne se colore plus en jaune ; il ne faut pas craindre d'altérer, par cette digestion, la couleur bleue de l'indigo, car la plupart des menſtrues n'ont point d'action ſur lui, ſi l'on en excepte l'acide nitreux qui le décompoſe avec efferveſcence, & le convertit en une ochre jaune *(u)*.

La moiſiſſure qu'éprouve quelquefois l'indigo, ne provient que de la matière extracto-réſineuſe & rougeâtre qu'il contient, dont une partie ſe décompoſe en attirant l'humidité. L'indigo ne ſeroit point ſuſceptible de ſe moiſir, ſi l'on avoit ſoin de le bien laver dans les ateliers où on le prépare : dans ce cas, la fécule bleue qui reſteroit ſeroit plus vive en couleur, & bien plus propre à la teinture, comme l'a reconnu M. Quatremere Dijonval, dans un Mémoire ſur l'indigo, qui vient de remporter le Prix propoſé par l'Académie Royale des Sciences.

Ayant communiqué à un Américain poſſeſſeur d'une indigoterie, mes idées ſur la manière d'aviver l'indigo, en enlevant à cette fécule la partie colorante rougeâtre qu'elle contient, il me fit obſerver que ce procédé avantageux ne ſeroit peut-être point adopté, par la raiſon que ceux

---

(u) L'indigo doit ſa couleur au ſer combiné avec l'acide phoſphorique, par le moyen de la fermentation putride.

L'acide végétal n'eſt que l'acide phoſphorique altéré par de l'huile, & l'on ſait que le ſer eſt la partie colorante des végétaux.

qui font le commerce de l'indigo, font habitués
à l'eftimer par le ton de fa couleur, & règlent
fur cette couleur le prix plus ou moins haut
qu'ils y mettent. En effet, lorfqu'on a dépouillé
l'indigo de cette matière colorante rougeâtre,
la nuance de fa couleur bleue n'eft plus la
même, quoique l'indigo foit alors bien plus
précieux pour la teinture.

Une autre caufe qui mettra peut-être obftacle
à cette amélioration de l'indigo dans nos co-
lonies, c'eft que cette fécule diminue d'environ
un vingtième de fon poids, lorfqu'on en fépare
cette matière colorante rougeâtre, abfolument
étrangère à la belle couleur bleue de l'indigo.
Mais quelles que puiffent être les fpéculations
de l'intérêt, j'ai reconnu que l'indigo privé de
fa matière extracto-réfineufe rougeâtre, n'étoit
plus fufceptible de moififfure, & qu'il prenoit
même plus de pied dans la teinture, parce que
cette matière rougeâtre étant foluble dans l'eau,
étoit caufe que dans le débouilli des étoffes,
une grande partie de la couleur bleue de l'indigo
fe détachoit.

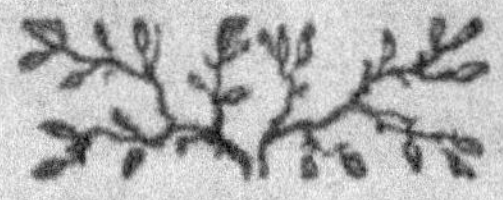

Manière de raffiner le Sucre brut sans qu'il éprouve de déchet.

Ayant été consulté au mois de Mars de l'année dernière, sur la quantité de mélasse qui se formoit dans le raffinage du sucre brut : je répondis que cette quantité ne provenoit que du trop grand feu que l'on faisoit éprouver à la dissolution qu'on veut faire cristalliser, après l'avoir rapprochée par l'évaporation : que cet excès de feu brûloit une partie du sucre, & formoit la *mélasse*, qui n'existe pas dans le sucre brut, puisqu'en faisant évaporer lentement la dissolution de ce sel, on n'en retire point de mélasse.

Le même particulier qui m'avoit consulté, proposa depuis au Gouvernement, ma découverte sous son nom; mais quoique je l'eusse donnée publiquement & gratuitement, il prétendoit en faire un mystère, & demandoit une récompense proportionnée à l'importance du service qu'il vouloit rendre à la France, en procurant, disoit-il, une épargne effective de plus de dix millions par an : ayant appris les démarches de ce particulier, je crus devoir revendiquer ma découverte, & en envoyer le détail à M. Taboureau Contrôleur général des Finances; ce Ministre m'annonça, par une lettre qu'il m'écrivit au mois de Décembre dernier, qu'il avoit fait part à Mrs de Sartine & Trudaine, des moyens que je lui avois communiqués pour raffiner sans déchet le sucre brut, & de mes observations sur l'indigo. Dans la persuasion où je suis que c'est seconder les vues du Gouvernement, que de faire connoître les choses utiles, je me détermine à publier ici mon procédé, quoique je l'aie annoncé dès l'année dernière dans mes leçons publiques, & que je l'aie communiqué vers le même temps à M. Malouet Intendant de Cayenne ; je ne rassemble ces époques que pour me conserver l'honneur d'une découverte que quelques personnes se sont persuadées avoir faite avant moi, parce qu'elles ignoroient sans doute ces particularités.

Voici maintenant le procédé ordinaire pour le raffinage du sucre brut. Après avoir clarifié le sirop en le mêlant avec une quantité convenable d'eau de chaux & de sang de bœuf, on le fait cuire dans des chaudières coniques. La grande faute de ceux qui y travaillent, est de porter rapidement ce sirop au plus haut point de l'ébullition, en sorte que les bouillons s'élèvent quelquefois de plus d'un pied au-dessus de la chaudière ; il arrive de-là que le sirop qui y est en contact avec les parois, se brûle, &

forme un caramel noirâtre qu'on nomme *mélaſſe* ; c'eſt ſur-tout vers la fin de la cuiſſon que cette mélaſſe ſe forme en plus grande quantité, parce qu'alors la chaleur augmente dans le fluide, par le rapprochement des molécules ſalines, & malgré que les Raffineurs aient ſoin de retirer avec beaucoup de célérité, le feu du fourneau lorſque le ſirop eſt aſſez cuit, il y a toujours une partie de ce ſirop qui continue à brûler, parce que le fourneau eſt encore très-échauffé.

Pour faire criſtalliſer ce ſirop, on le verſe dans des formes *(x)*, vers l'extrémité deſquelles ſe dépoſe une liqueur épaiſſe & noirâtre, qu'on nomme *ſirop non couvert ;* pour enlever la portion de ce ſyrop reſtée dans le ſucre qui a criſtalliſé, on lave celui-ci dans ſa *forme* même. Pour cet effet, on détrempe de l'argile blanche dans de l'eau, juſqu'à conſiſtance de bouillie, & on en met l'épaiſſeur de deux à trois doigts ſur la baſe de chaque *forme ;* l'eau filtre lentement à travers le ſucre, & entraîne le ſirop qu'on nomme *couvert ;* celui qui s'égoute enſuite eſt moins coloré : c'eſt par cette opération que le ſucre acquiert de la blancheur : pour le deſſécher, on le met à l'étuve pendant cinq ou ſix jours.

____

(x) Ce ſont des cônes ou entonnoirs de terre cuite, ouverts par leurs deux extrémités, dont l'inférieure, qui eſt très-étroite, eſt bouchée avec des brins de paille ou de bois.

Les sirops qu'on a retirés des *formes* donnent, après avoir été réduits, un sucre qu'on nomme *bâtarde :* les sirops que fournit celui-ci donnent une autre espèce de sucre qu'on appelle *vergeois :* enfin on nomme *mélasse*, le sirop qu'on obtient par cette troisième cristallisation du sucre.

Un quintal de sucre brut, donne, pour l'ordinaire,

$$\text{de}\begin{cases}\text{premier Sucre} \dots\dots & 40 \text{ livres.}\\ \text{Bâtarde \& Vergeois} \dots & 30.\\ \text{Mélasse} \dots\dots\dots & 30.\end{cases}$$

$$\text{TOTAL} \dots\dots\ 100.$$

Lorsqu'on rapproche le *vesou* ou *sirop* de la canne pour en obtenir le *sucre brut* ou *cassonade*, on brûle aussi une partie du sucre, puisqu'on fait de la *mélasse*, & que le *vesou* n'en contenoit pas.

Il résulte de ce qui précède, qu'en substituant aux chaudières coniques, des chaudières très-évasées, & en ne faisant éprouver au sirop que la chaleur nécessaire pour produire la plus légère ébullition, on obtiendra un sucre beaucoup plus blanc, qui n'aura pas besoin d'être lavé dans les *formes*, puisqu'il ne contiendra point de mélasse.

EXPÉRIENCE *qui peut devenir intéressante pour l'Humanité.*

LE 10 Mai 1777, M. le Comte de Falckenstein (l'Empereur) s'étant rendu à l'Académie des Sciences, M. Lavoisier répéta en sa présence quelques-unes des expériences du Docteur Priestley, sur *l'air fixe*. Il mit un moineau dans un bocal, où à peine eut-il versé de *l'air fixe* qu'on vit l'oiseau s'agiter, & un instant après tomber sur le côté. M. Lavoisier le retira du bocal & le présenta pour mort à M. le Comte de Falckenstein : ayant demandé cet oiseau, je versai dans le creux de ma main environ un gros d'alkali volatil-fluor, & j'y posai le bec de l'animal ; je le mis sur la table au premier signe de mouvement qu'il me donna, mais à peine eut-il étendu ses ailes, qu'il retomba ; je le présentai de nouveau & de la même manière à l'alkali volatil, qui acheva de produire son effet. L'animal eut alors assez de force pour se tenir sur ses pattes ; il marcha, battit des ailes & s'envola : on fit ouvrir les fenêtres, & le petit ressuscité partit à tire-d'ailes.

Je n'avois jamais fait cette expérience sur des oiseaux, mais j'avois été assez heureux pour rappeler à la vie, des hommes qui avoient été suffoqués, (soit par la vapeur acide du charbon, soit par celle de la fermentation vineuse) en mettant de l'alkali volatil dans leurs narines, & en leur en faisant prendre dans de l'eau ; ce moyen m'a également réussi dans les apoplexies, comme je l'ai indiqué, *pages 26 & suivantes* du premier volume de cet Ouvrage : aussi n'ai-je point hésité à en recommander l'usage, *ibid. page 31*, dans les asphyxies produites par les vapeurs acides que l'on nomme *air fixe*.

L'asphyxie est, comme on le sait, la privation subite du pouls, de la respiration, du sentiment & du mouvement : cet état précède la mort, occasionnée par les moufettes & les vapeurs acides qui se dégagent des charbons embrasés, des liqueurs en fermentation, &c. Je viens de m'assurer des bons effets de l'alkali volatil dans ces circonstances, en répétant mon expérience sur un grand nombre d'oiseaux & d'autres animaux que j'ai plongés dans la vapeur acide qui s'élève durant la fermentation de la bière. J'ai gradué & varié ces expériences de manière à n'avoir aucun doute sur les effets terribles de l'acide dont il s'agit, & sur le moyen que je crois le plus propre à y apporter un prompt remède.

J'ai reconnu que l'action destructive du prétendu *air fixe*, sur les animaux, étoit plus ou moins rapide selon l'état plus ou moins avancé de la fermentation vineuse qui le produisoit. En effet, quoique cet acide éteigne les lumières dans les premiers instans de la fermentation tout aussi promptement que vers la fin, il n'est cependant point alors également propre à produire subitement la mort des animaux qu'on y plonge, ainsi que je l'ai vérifié dans la brasserie de M. de Longchamps *(y)*.

Voulant déterminer d'une manière positive, si le vinaigre pourroit, comme l'alkali volatil, rappeler à la vie, les animaux suffoqués par la vapeur acide de la fermentation vineuse, j'ai versé dans un grand bocal, où j'avois mis deux moineaux, de l'acide volatil ou *air fixe*, pris dans une cuve de bière où la fermentation vineuse commençoit à s'établir & où la bougie s'éteignoit sur le champ; les oiseaux s'agitèrent & tombèrent sur le côté sans pouvoir se relever; leurs yeux se fermèrent, leur respiration devint

____

(y) Ce Citoyen est un de ceux qui a le plus perfectionné parmi nous l'art de la Brasserie; il est aisé de s'en convaincre en parcourant ses ateliers; la touraille, où il fait dessécher le grain germé, est construite, d'après ses principes, de la manière la plus ingénieuse.

lente & difficile, quoiqu'ils ouvriſſent de larges becs. Après les avoir laiſſés ſept minutes dans cet état de criſe, je les mis dans un bocal où ſe trouvoit véritablement de l'air : les oiſeaux ouvrirent les yeux, ſe redreſſèrent, reſpirèrent librement, & reprirent toute leur activité : je les reportai dans l'atmoſphère acide de la cuve, en deux minutes ils y perdirent la vie.

Ayant enſuite mis deux autres oiſeaux dans un bocal, j'y verſai de l'acide volatil puiſé dans la même cuve, mais deux heures plus tard que le précédent, c'eſt-à-dire vers le temps où la fermentation vineuſe étoit accomplie; en trois ſecondes les animaux furent renverſés, & ſix ſecondes après ils tombèrent dans l'aſphyxie.

Je poſai le bec d'un de ces oiſeaux dans le vinaigre, mais ne m'apercevant pas qu'il en reçût aucun ſoulagement, j'eſſayai de lui en intro- duire dans le goſier, ſans qu'il me fût poſſible de le rappeler à la vie. A l'égard de l'autre oiſeau dont je portai le bec dans l'alkali volatil- fluor, il reſpira deux ſecondes après, s'agita, marcha, puis s'envola.

J'ai répété dix fois cette expérience, & tou- jours avec un égal ſuccès, c'eſt-à-dire que l'oiſeau préſenté à l'alkali volatil revenoit à la vie *(z)*, tandis que celui pour lequel je n'employois que le vinaigre reftoit mort. J'ai vu d'autres fois le vinaigre accélérer la mort des oifeaux qui n'étoient point dans un état d'afphyxie complète; j'ai même obfervé que dans le cas où j'avois d'abord eu recours au vinaigre, l'alkali volatil étoit employé fans aucun genre de fuccès.

J'ofe donc avancer, d'après ces expériences multipliées, que l'alkali volatil-fluor me paroît être le moyen le plus efficace pour remédier prefque inftantanément aux funeftes effets de l'acide volatil qu'on a défigné fous les noms de *gas & d'air fixe*. Sitôt que cet acide vient à fe combiner avec l'alkali qu'on lui préfente, il en réfulte un mixte qui n'a rien de malfaifant; & le fpafme, occafionné par l'acide qui avoit pénétré dans le poumon *(a)*, ceffe au même

---

(z) Je conferve en cage deux de ces oifeaux, ils fe portent bien & ne fe reffentent en rien de l'état par où ils ont paffé.

(a) M. de Mefle m'a dit qu'ayant fait périr des poulets dans la vapeur ou moufette fi connue de la grotte du Chien, près Naples, il avoit remarqué une faveur manifeftement acide dans les poumons de ceux de ces animaux qu'il avoit ouverts après la fuffocation; ce qui lui parut d'autant plus fingulier, qu'il étoit alors, comme beaucoup d'autres, dans l'opinion que cette vapeur n'étoit que de l'air fixe.

inſtant. Boërhaave rapporte qu'il auroit été étouffé par une vapeur acide s'il n'eût pas eu recours ſur le champ à un eſprit alkalin, qui ſe trouva heureuſement ſous ſa main.

FIN du ſecond Volume.

TABLE

Table des cinq Matieres qui servent
à Mineraliser les substances metalliques.

Arsenic

Soufre

Acide marin

Alkali volatil

Azuré

Matiere grasse produite
par l'Alkali volatil decomposé

Malachite

♂ .... Antimoine		♃ .... Etain
☽ .... Argent		♂ .... Fer
O—O .... Arsenic		☿ .... Mercure
B .... Bismuth		☉ .... Or
K .... Cobalt		♄ .... Plomb
♀ .... Cuivre		Z .... Zinc

TABLEAAISONS
DE L'IQUE.

TABLEAU DES COMBINAISONS
DE L'ACIDE PHOSPHORIQUE.

	VOIE HUMIDE. Sublimation et Précipitation.	VOIE SÈCHE. Calcination.	VOIE SÈCHE. Vitrification.
L'Acide phosphorique combiné avec le Phlogistique	....	Phosphore d'urine.	
avec l'Alkali fixe	Pierre à cautère. Tartre phosphorique.	Sel animal.	Verre.
avec l'Alkali minéral	Sel sédatif; Diamant. Cristaux-gemmes.	....	Cristallisation vitreuse.
avec excès d'Alkali	Borax. Basaltes; Schorls.	....	Cristallisation vitreuse.
avec l'Alkali volatil	Sel ammoniac phosphorique ou sel fusible. Esprit de sel ammoniac *fluor*.		
avec la Terre absorbante	Sel phosphorique absorbant. Spath fusible ou vitreux.		
avec excès de terre absorb.	Alkali. Spath calcaire : Pierre calcaire.	Alkali. Chaux vive.	
avec le régule d'Antimoine	Précipité blanc.	Chaux grise.	Verre brun ; foie d'antimoine. Verre hyacinte ; verre d'antim.
avec l'Étain	Précipité blanc.	Chaux grise ou blanchâtre. Chaux blanche : potée d'étain.	Émail blanc.
avec le Zinc	Précipité blanc.	Chaux blanche : *nil album*.	Verre rougeâtre : colore en aigue-marine.
avec le Fer	Précipité jaunâtre ou verdâtre. Bleu de Prusse.	Chaux brune ou rouge. Safran de Mars.	Verre noir : colore en rouge de rubis.
avec l'Arsenic	Précipité blanc.	Chaux blanche.	Verre citrin pâle.
avec le Cuivre	Précipité bleu.	Chaux noirâtre.	Verre brun chatoyant : colore en vert d'émeraude.
avec le Cobalt	Précipité lilas.	Chaux rougeâtre.	Verre bleu foncé : émail bleu.
avec l'Argent	Précipité gris.	Chaux grise.	Verre jaunâtre : colore en jaune grisâtre ou pâle.
avec le Bismuth	Précipité blanc.	Chaux grise.	Verre rougeât. colore en roussâtre
avec le Plomb	Précipité blanc.	Chaux grise, jaune ou rouge. Massicot : *minium*.	Verre feuilleté blanc ou jaune, dit *Litharge* : colore en jaune de topaze.
avec le Mercure	Précipité blanc.	Chaux rouge, dite *précipité per se*	
avec la Platine	Précipité roux.	Chaux grise par l'électricité...	Verre olive.
& avec l'Or	Précipité gris. Or fulminant.	Chaux noirâtre, mais violette par l'étincelle électrique.	Verre pourpre.

TABLE ALPHABÉTIQUE

DES MATIÈRES

Contenues dans cet Ouvrage.

A

tiellement une espèce de phosphore. *Vol.* II, 22.
Sa préparation , *ibid.* Phénomènes que présente sa
distillation sans intermède , 23. Et celle avec l'acide
vitriolique , *ibid.* Charbon de tourbe ; ses bonnes
qualités. *Vol.* I, 301.

CHAUX *métalliques.* Sels phosphoriques ordinairement
vitrifiables. *Vol.* II, 4. Le feu, l'électricité , l'air,
les alkalis , l'étain & le mercure sont autant d'intermèdes propres à faire passer les substances métalliques à l'état de chaux , 9 *& suiv.* Couleurs
des chaux métalliques , 17. Chaux de mercure , 43.
D'arsenic , 65 —69. De cobalt , 76. De bismuth,
104. De zinc , 109—111 , 114, 115. D'antimoine , 144, 145. De fer, 160. De cuivre, 217.
(Celle-ci donne au verre blanc avec lequel on la fond ,
une belle couleur verte , mais rouge quand la chaux
de cuivre n'est pas parfaite.) De plomb, 248, 249.
D'étain, 276. D'argent, 292 , 321, 322. D'or
par l'étain, 13, 14, 16, 342. Par le plomb, 343,
344. D'or par l'électricité, 10, 11, 16. D'or par
l'amalgame, 14. De platine, 362.

CHAUX VIVE. D'où dépend sa causticité. *Vol.* I,
123. Perd ses propriétés par un excès de calcination, 120. Chaux éteinte à l'air, est à peu-près
à l'état de craie, 127. Éteinte à la françoise, *ibid.*
Éteinte à la romaine , 128. Avantages de cette
dernière sur les deux autres, 129 & 130. Chaux
native , 133.

CHRYSOLITE. Ne s'altère point au feu. *Vol.* I,
232.

D

E

H

J

K

L

N

Tome II. c

Q

Nota. M. Scheele, Chimiſte Suédois, vient de rendre public un moyen très-intéreſſant pour extraire l'acide phoſphorique des os calcinés, inſéré dans le Journal de Phyſique de M. l'abbé Roſier, *Février 1777.*

M. Prouſt, Apothicaire de la Salpêtrière, en répétant le procédé de M. Scheele, y a fait quelques changemens, à l'aide desquels il obtient l'acide phosphorique en plus grande quantité : je crois devoir en rendre compte ici. Après avoir pris des os calcinés à blanc, M. Proust les dissout dans de l'acide nitreux, & verse dans cette dissolution de l'acide vitriolique : celui-ci s'empare de la terre des os avec laquelle il forme de la sélénite qui ne tarde pas à se précipiter ; on ajoute de l'acide vitriolique, jusqu'à ce qu'il ne se précipite plus de sélénite, puis on décante & fait évaporer en partie la liqueur acide qui étoit sur le précipité ; en distillant le résidu de cette évaporation dans une cornue de verre lutée, il passe de l'acide nitreux & de l'acide vitriolique, & l'on trouve au fond de la cornue une masse blanche demi-transparente & encore acide : ce même résidu exposé au feu dans un creuset, s'y fond, & produit un verre blanc transparent, que M. Proust me donna sous le nom d'*acide phosphorique retiré des os calcinés*. Je lui démontrai que ce qu'il me présentoit n'étoit point de l'acide phosphorique à nu, mais cet acide combiné avec du natron, & sous forme de verre insoluble dans l'eau.

Deux gros de ce verre mis à distiller avec quatre gros de poudre de charbon, produisent environ vingt-quatre grains de Phosphore très-pur, d'où l'on peut inférer que dans ce verre il y a près d'un sixième d'acide, qui en se combinant avec le phlogistique des charbons, se convertit en Phosphore ; le degré de chaleur nécessaire pour le dégager, n'équivaut point à celui qui est capable de fondre le verre, puisque la cornue de verre lutée qui a servi dans cette expérience n'étoit point déformée. Il n'a pas fallu plus d'une heure & demie de feu pour faire ce phosphore.

J'ai dit précédemment que la lessive des os calcinés tenoit en dissolution du natron : dans le procédé de M. Scheele, l'acide phosphorique des os se combine avec cet alkali, & forme un sel neutre fusible, qui, par la fusion, se convertit en verre.

Si, dans la diſſolution dont j'ai parlé ci-deſſus, ce ſel
neutre phoſphorique n'a point été décompoſé, ni par l'acide
vitriolique, ni par l'acide nitreux ; c'eſt que l'acide phoſphorique étant plus peſant que les deux autres, ne peut être
ſéparé de ſa baſe par leur intermède.

WOLFRAM. Ce que c'est. *Vol.* II, 209, 210.

Z

ZINC. Ses propriétés. *Vol.* II, 109. M. de
Laſſone eſt le premier qui ait eu une idée juſte de
ce demi-métal. 110 *& ſuiv.* Eſt, après le fer,
la ſubſtance métallique la plus commune dans la
Nature ; auſſi lorſqu'il eſt pur, n'eſt-il pas plus
dangereux que le fer, 113. Il eſt combiné avec
ce dernier métal dans le fer de fonte dont on fait
les marmites, &c. 119. Manière de réduire ſa
chaux, 117. Ses alliages avec les métaux, 118.
Ses différentes mines, 119 *& ſuiv.* Voyez *la Table
Synoptique.*

ZÉOLITE. Caractères de cette pierre. *Vol.* I, 281.
Trouvée parmi des matières volcaniſées, 282. Son
analyſe, 283. Blanche criſtalliſée, 284. Rouge
informe, 285. Bleue, *lapis lazuli,* 286.

Fin de la Table des Matières.

ERRATA.

Tome I.

TABLE *Synoptique, page* xxx, *ligne* 18, COMBINAISONS DE L'ACIDE PHOSPHORIQUE AVEC LA TERRE CALCAIRE, *lisez* COMBINAISONS DE L'ACIDE VITRIOLIQUE AVEC LA TERRE CALCAIRE.

Page 4 *lignes* 21 & 22, quand au Règne animal, *lisez* quant au Règne minéral.

14, *ligne* 6, 1 est à 2, *lisez* 2 est à 1.

16, note (*r*), Ce principe, *lisez* Le principe.

32, note (*n*), *lisez* note (*k*).

102, *ligne* 19, filons, *lisez* filons.

117, note (*d*), *ligne* 4, teintur, *lisez* teinture.

184, ligne dernière, *ardoises*, lisez *ardoisières*.

204, ligne 19, *striées*, lisez *striés*.

222, note (*r*) J. have, *lisez* I have, &c.

243, note (*q*), ligne 4, *communis*, lisez *commini.*

265, *ligne* 17. Crofemitz, *lisez* Kofemitz.

273, note (*h*), ligne 4, *finopifis*, lisez *finopidis.*

306, ligne 19, *produit des volcans*, lisez *produits des volcans.*

Tome II.

127, *ligne* 15, fpathique, *lisez* fpathiques.

143, *ligne* 11, précipité, *lisez* précipitée.

145, ligne dernière, *après* vitreuses, *ne mettre qu'une virgule.*

AVIS AU RELIEUR.

La planche gravée, se mettra avant le Tableau
des combinaisons, *page 400* de ce volume.